"十二五"高等学校教材

新世纪电工电子实验系列规划教材

数字电子技术实验

主　编　孙梯全　施　琴

参　编　卢　娟　侯　煜

　　　　　娄朴根

东南大学出版社

·南　京·

内 容 提 要

《数字电子技术实验》分为 3 篇,第一篇为数字电子电路实验基础知识,主要介绍数字集成器件相关知识和数字电路实验相关知识等;第 2 篇是基础型(验证性)实验,共安排了 11 个实验内容;第 3 篇是提高型(设计性)实验,安排了 5 个经典的综合设计题目、5 个 Multisim 仿真实验和 6 个 PLD 实验。

本书的内容编排注重结合数字电路的工程应用实际和技术发展方向,在帮助学生验证、消化和巩固基础理论的同时,努力培养学生的工程素养和创新能力。实验原理部分注意引导学生理解数字集成电路的构成原理、电气特性和实际应用,培养学生的工程意识;实验内容安排由浅入深、循序渐进、前后呼应,在配合理论教学的同时,注意引导学生运用所学知识解决工程实际问题;在实验思考题的设计上注意进一步引导学生分析和思考工程实际问题,激发学生的创新思维。

本书可作为高等学校电子信息类、计算机类学生"电子技术基础实验"、"数字电子电路实验"等课程的教材,也可供相关工程技术人员、教师和学生参考。

图书在版编目(CIP)数据

数字电子技术实验/孙梯全,施琴主编. —南京:东南大学出版社,2015.12(2021.8 重印)

"十二五"高等学校教材

新世纪电工电子实验系列规划教材

ISBN 978-7-5641-6213-9

Ⅰ.①数⋯ Ⅱ.①孙⋯②施⋯ Ⅲ.①数字电路-电子技术-实验-高等学校-教材 Ⅳ.①TN79-33

中国版本图书馆 CIP 数据核字(2015)第 301936 号

数字电子技术实验

出版发行	东南大学出版社	
出 版 人	江建中	
社　　址	南京市四牌楼 2 号	
邮　　编	210096	
经　　销	全国各地新华书店	
印　　刷	苏州市古得堡数码印刷有限公司	
开　　本	787 mm×1092 mm　1/16	
印　　张	11.75	
字　　数	301 千字	
版　　次	2015 年 12 月第 1 版	
印　　次	2021 年 8 月第 3 次印刷	
书　　号	ISBN 978-7-5641-6213-9	
印　　数	3001—4000 册	
定　　价	39.00 元	

第 2 版前言

"数字电路与逻辑设计"是电子、信息、雷达、通信、测控、计算机、电力系统及自动化等电类专业和机电一体化等非电类专业的一门重要的专业基础课,具有较强的理论性和工程实践性。数字电子技术实验是"数字电路与逻辑设计"课程的实践教学环节。本教材是在总结多年数字电子技术实践教学改革经验的基础上,综合考虑了理论课程特点和技术发展趋势,为适应当前创新型人才培养目标要求而编写的。教材从本科学员实践技能和创新意识的早期培养着手,注重结合数字电路的工程应用实际和发展方向,在帮助学生验证、消化和巩固基础理论的同时,注意引导学生思考和解决工程实际问题,激发学生的创新思维,培养学生的工程素养和创新能力,促进学生"知识"、"能力"水平的提高和"综合素质"的培养。

作为数字电子技术实验课的选用教材,其内容设置是否科学合理将在一定程度上对实验课的教学质量和教学效果起到决定作用。本教材编写的特点是从基础性、验证性实验到综合性、创新性实验,由浅入深、循序渐进、层次分明。基础性、验证性实验配合理论教学,帮助学生建立对理论知识的感性认识,促进理论学习;综合性、设计性实验引导学生学习数字电路系统的设计思路和设计方法,检验和培养学生综合运用所学知识分析、解决工程实际问题的能力,提高学生的工程素养,激发其创新思维。

本教材各章节及各章节的实验既循序渐进又相对独立,方便教师根据学生情况和教学需要选择不同教学内容。

感谢东南大学出版社编辑朱珉老师在本书出版过程中的大力支持。由于编者水平有限,时间紧任务重,书中错误和不妥之处恳请读者批评指正。

编　者
2015 年 10 月

目　　录

第1篇　实验基础知识

1 数字电路实验基础知识

数字集成电路是存储、传送、变换和处理数字信息的一类电子电路的总称。随着科学技术的发展和工艺水平的提高,数字集成电路目前正向着大规模、低功耗、高速度、可编程、可测试和多值化方向发展,其应用领域也越来越广泛。

数字逻辑电路课作为实施数字电子技术基础教学的一门重要课程,具有很强的实践性,实验是该课程的一个重要的教学环节。通过实验不仅能巩固和加深理解所学的数字电子技术知识,更重要的是在建立科学实证思维方面,在掌握基本的设计、调试、测试手段和方法上,在电平检测、波形测绘和数据处理方面,对培养学生理论联系实际和解决实际问题的能力、树立科学的工作作风,可以发挥很重要的作用。

1.1 数字集成器件

1.1.1 数字集成器件的发展和分类

当今,数字电子电路几乎已完全集成化了。数字集成电路按集成度可分为小规模、中规模、大规模和超大规模等。小规模集成电路(SSI)是在一块硅片上制成约 1～10 个门,通常为逻辑单元电路,如逻辑门、触发器等。中规模集成电路(MSI)的集成度约为 10～100 门/片,通常是逻辑功能电路,如译码器、数据选择器、计数器、寄存器等。大规模集成电路(LSI)的集成度约为 100 门/片以上。超大规模集成电路(VLSI)的集成度约为 1 000 门/片以上,通常是一个小的数字逻辑系统。现已制成规模更大的极大规模集成电路。

数字集成电路发展总的趋势是型号越来越多、集成度越来越高、产品速度越来越快、功耗越来越小、体积越来越小,且可编程、多值化趋势非常明显。

数字集成电路还可按制作工艺分为双极型和单极型两类。双极型集成电路中有代表性的是晶体管-晶体管逻辑(TTL)集成电路;单极型集成电路中有代表性的是互补金属氧化物半导体(CMOS)集成电路。国产 TTL 集成电路的标准系列为 CT54/74 系列或 CT0000 系列,其功能和外引线排列与国外 54/74 系列相同。国产 CMOS 集成电路主要为 CC(CH) 4000 系列,其功能和外引线排列与国外 CD4000 系列相对应。高速 CMOS 系列中,74HC 和 74HCT 系列与 TTL74 系列相对应,74HC4000 系列与 CC4000 系列相对应。

与双极型集成电路相比,CMOS 集成电路具有制造工艺简单、便于大规模集成、抗干扰能力强、功耗低、带负载能力强等优点,但也有工作速度偏低、驱动能力偏弱和易引入干扰等弱点。随着科技的发展,近年来,CMOS 集成电路工艺有了飞速的发展,使得CMOS 集成电路在驱动能力和速度等方面大大提高,出现了许多新的系列,如 ACT 系列(具有与 TTL 集成电路一致的输入特性)、HCT 系列(与 TTL 电平兼容)、低压电路系列等。当前,CMOS 集成电路在大规模、超大规模集成电路方面已经超过了双极型集成电路的发展势头。

在实验室内,由于使用者主要是学生,除了价格以外,应多考虑配置不易被损坏、兼容性好且常用的集成电路;另外,考虑到 CMOS 集成电路的使用越来越广泛,与 TTL 集成电路的兼容性也越来越好,建议实验室配备 TTL 和 CMOS 这两类集成电路。

1.1.2　TTL 集成电路的特点

TTL 集成电路具有以下特点:

(1) 输入端一般有钳位二极管,减少了反射干扰的影响。

(2) 输出阻抗低,带容性负载的能力较强。

(3) 有较大的噪声容限。

(4) 采用+5 V 电源供电。

为了正常发挥集成电路的功能,应使其在推荐的条件下工作,对 CT0000 系列(74LS 系列)集成电路,要求有以下几点:

(1) 电源电压应在 4.75~5.25 V 范围内。

(2) 环境温度在 0~70 ℃范围内。

(3) 高电平输入电压 U_{IH}>2 V,低电平输入电压 U_{IL}<0.8 V。

(4) 输出电流应小于最大推荐值(查手册)。

(5) 工作频率不能高,一般的门和触发器的最高工作频率约 30 MHz。

1.1.3　CMOS 集成电路的特点

CMOS 集成电路具有以下特点:

(1) 静态功耗低:漏极电源电压 V_{DD}=5 V 的中规模集成电路的静态功耗小于 100 μW,从而有利于提高集成度和封装密度、降低成本、减小电源功耗。

(2) 电源电压范围宽:4000 系列 CMOS 集成电路的电源电压范围为 3~18 V,从而使电源选择余地大,电源设计要求低。

(3) 输入阻抗高:正常工作的 CMOS 集成电路,其输入端保护二极管处于反偏状态,直流输入阻抗可大于 100 MΩ,但在工作频率较高时,应考虑输入电容的影响。

(4) 扇出能力强:在低频工作时,一个输出端可驱动 50 个以上 CMOS 集成电路的输入端,这主要因为 CMOS 集成电路的输入阻抗高的缘故。

(5) 抗干扰能力强:CMOS 集成电路的电压噪声容限可达电源电压的 45%,而且高电平和低电平的噪声容限值基本相等。

(6) 逻辑摆幅大:空载时,输出高电平 U_{OH}>(V_{DD}-0.05 V),低电平 U_{OL}<(V_{SS}+

0.05 V),其中 V_{SS} 为源极电源电压。

CMOS 集成电路还有较好的温度稳定性和较强的抗辐射能力。不足之处是,一般 CMOS 集成电路的工作速度比 TTL 集成电路低,功耗随工作频率的升高而显著增大。

CMOS 集成电路的输入端与 V_{SS} 端之间接有保护二极管,除了电平变换器等一些接口电路外,输入端与 V_{DD} 端之间也接有保护二极管,因此,在正常运输和焊接 CMOS 集成电路时,一般不会因感应电荷而损坏集成电路。但是,在使用 CMOS 集成电路时,输入信号的低电平不能低于($V_{\text{SS}}-0.5$ V),除某些接口电路外,输入信号的高电平不得高于($V_{\text{DD}}+0.5$ V),否则可能引起保护二极管导通,甚至损坏,进而可能使输入级损坏。

1.1.4 TTL 集成电路与 CMOS 集成电路混用时应注意的问题

1) TTL 集成电路输入、输出电路的性质

当输入端为高电平时,输入电流是反向二极管的漏电流,电流极小,其方向是从外部流入输入端。

当输入端为低电平时,电流由 V_{CC} 端经内部电路流出输入端,电流较大,当与上一级电路衔接时,将决定上级电路的负载能力。高电平输出电压在负载不大时为 3.5 V 左右。低电平输出时,允许后级电路灌入电流,随着灌入电流的增加,输出低电平将升高,一般 LS 系列 TTL 集成电路允许灌入 8 mA 电流,即可吸收后级 20 个 LS 系列标准门的灌入电流。最大允许低电平输出电压为 0.4 V。

2)CMOS 集成电路输入、输出电路的性质

一般 CC 系列的输入阻抗可高达 10^{10} Ω,输入电容在 5 pF 以下,输入高电平通常要求在 3.5 V 以上,输入低电平通常为 1.5 V 以下。因 CMOS 集成电路的输出结构具有对称性,故对高、低电平具有相同的输出能力。当输出端负载很轻时,输出高电平时将十分接近电源电压,输出低电平时将十分接近地电位。

高速 CMOS 集成电路 54/74HC 系列的子系列 54/74HCT,其输入电平与 TTL 集成电路完全相同,因此在相互代换时,不需考虑电平的匹配问题。

3) 使用集成电路应注意的问题

(1) 使用 TTL 集成电路应注意的问题

① 电源均采用+5 V,使用时,不能将电源与地颠倒接错,也不能接高于 5.5 V 的电源,否则会损坏集成电路。

② 输入端不能直接与高于+5.5 V 或低于−0.5 V 的低内阻电源连接,否则会因为低内阻电源供给较大电流而烧坏集成电路。

③ 输出端不允许与电源或地短接,必须通过电阻与电源连接,以提高输出电平。

④ 插入或拔出集成电路时,务必切断电源,否则会因电源冲击而造成永久损坏。

⑤ 多余输入端不允许悬空,处理方法如图 1.1.1、图 1.1.2 所示。

对于图 1.1.2(b)中接地电阻的阻值要求为:

$$R \leqslant \frac{U_1}{I_{\text{IS}}} \approx \frac{0.7 \text{ V}}{1.4 \times 10^{-3} \text{A}} = 500 \text{ Ω}$$

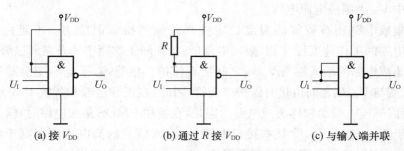

图 1.1.1　与非门多余输入端的处理

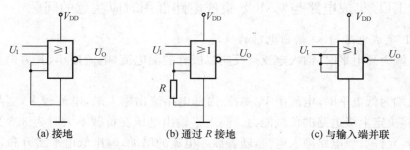

图 1.1.2　或非门多余输入端的处理

（2）使用 CMOS 集成电路应注意的问题

CMOS 集成电路由于输入阻抗很高，故极易受外界干扰、冲击和静电击穿。尽管生产时在输入端加入了标准保护电路，但为了防止静电击穿，在使用 CMOS 集成电路时必须采用以下安全措施：

① 存放 CMOS 集成电路时要屏蔽，一般放在金属容器中，或用导电材料将引脚短路，不要放在易产生静电、高压的化工材料或化纤织物中。

② 焊接 CMOS 集成电路时，一般用 20 W 内热式电烙铁，而且电烙铁要有良好的接地，或用电烙铁断电后的余热快速焊接。

③ 为了防止输入端保护二极管反向击穿，输入电压必须处在 V_{DD} 与 V_{SS} 之间，即 $V_{DD} \geqslant U_I \geqslant V_{SS}$。

④ 测试 CMOS 集成电路时，如果信号电源和电路供电采用两组电源，则在开机时应先接通电路供电电源，后开启信号电源；关机时，应先关断信号电源，后关断电路供电电源，即在 CMOS 集成电路本身没有接通供电电源的情况下，不允许输入端有信号输入。

⑤ 多余输入端绝对不能悬空，否则容易受到外界干扰，破坏正常的逻辑关系，甚至损坏集成电路。对于与门、与非门的多余输入端应接 V_{DD} 或高电平，或与使用的输入端并联，如图 1.1.1 所示。对于或门、或非门多余的输入端应接地或低电平，或与使用的输入端并联，如图 1.1.2 所示。

⑥ 在印制电路板（PCB）上安装 CMOS 集成电路时，必须在其他元器件安装就绪后再装 CMOS 集成电路，以避免 CMOS 集成电路输入端悬空。CMOS 集成电路从 PCB 上拔出时，务必先切断 PCB 上的电源。

⑦ 输入端连线较长时，由于分布电容和分布电感的影响，容易构成 LC 振荡或损坏保

护二极管,故必须在输入端串联 1 个 $10\sim20$ kΩ 的电阻。

⑧ 防止 CMOS 集成电路输入端噪声干扰的方法是:在前一级与 CMOS 集成电路之间接入施密特触发器整形电路,或加入滤波电容滤掉噪声。

4) 集成电路的连接

在实际的数字电路系统中,一般需要将一定数量的集成电路按设计要求连接起来。这时,前级电路的输出将与后级电路的输入相连并驱动后级电路工作,这就存在电平配合和带负载能力两个需要妥善解决的问题。

可用下列几个表达式来说明连接时所要满足的条件:

$$U_{OH}(前级)\geqslant U_{IH}　（后级）$$
$$U_{OL}(前级)\geqslant U_{IL}　（后级）$$
$$I_{OH}(前级)\geqslant nI_{IH}　（后级）$$
$$I_{OL}(前级)\geqslant nI_{IL}　（后级）$$

式中:n 为后级门的数目。

一般情况下,在同一数字系统内,应选用同一系列的集成电路,即都用 TTL 集成电路或都用 CMOS 集成电路,以避免器件之间的不匹配问题。如不同系列的集成电路混用,应注意它们之间的匹配问题。

(1) TTL 集成电路与 TTL 集成电路的连接

TTL 集成电路的所有系列由于电路结构形式相同,电平配合比较方便,不需要外接元件便可直接连接,不足之处是受低电平时负载能力的限制。

(2) TTL 集成电路驱动 CMOS 集成电路

TTL 集成电路驱动 CMOS 集成电路时,由于 CMOS 集成电路的输入阻抗高,故驱动电流一般不会受到限制,但在电平配合问题上,低电平是可以的,高电平时有困难,所以 TTL 集成电路驱动 CMOS 集成电路要解决的主要问题是逻辑电平的匹配。TTL 集成电路在满载时,输出高电平通常低于 CMOS 集成电路对输入高电平的要求,因为 TTL 集成电路输出高电平的下限值为 2.4 V,而 CMOS 集成电路的输入高电平与其工作的电源电压有关,即 $U_{IH}=0.7V_{DD}$,当 $V_{DD}=5$ V 时,$U_{IH}=3.5$ V,由此可能造成逻辑电平不匹配。因此,为保证 TTL 集成电路输出高电平时,后级的 CMOS 集成电路能可靠工作,通常要外接一个上拉电阻 R,如图 1.1.3 所示,使输出高电平达到 3.5 V 以上,R 的取值为 $2\sim6.2$ kΩ 较合适,这时 TTL 集成电路后级的 CMOS 集成电路的数目实际上是没有什么限制的。

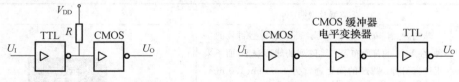

图 1.1.3　TTL - CMOS 集成电路接口　　　图 1.1.4　CMOS - TTL 集成电路接口

(3) CMOS 集成电路驱动 TTL 集成电路(见图 1.1.4)

CMOS 集成电路的输出电平能满足 TTL 集成电路对输入电平的要求,而输出电流的驱动能力将受限制,特别是输出低电平时。除了 74HC 系列,其他 CMOS 集成电路驱动 TTL 集成电路的能力都较弱。要提高这些 CMOS 集成电路的驱动能力,可采用以下两种方法:

① 采用 CMOS 驱动器，如 CC4049、CC4050 是专为给出较大驱动能力而设计的 CMOS 集成电路。

② 几个同功能的 CMOS 集成电路并联使用，即将其输入端并联、输出端并联（TTL 集成电路是不允许并联的）。

一般情况下，为提高 CMOS 集成电路的驱动能力，可以加一个接口电路，如图 1.1.4 所示。CMOS 集成电路缓冲/电平变换器起缓冲驱动或逻辑电平变换的作用，具有较强的吸收电流的能力，可直接驱动 TTL 集成电路。

（4）CMOS 集成电路与 CMOS 集成电路的连接

CMOS 集成电路之间的连接十分方便，不需另加外接元件。对直流参数来说，一个 CMOS 集成电路可带动的 CMOS 集成电路数量是不受限制的，但在实际使用时，应考虑后级门输入电容对前级门的传输速度的影响，电容太大时，传输速度要下降。因此，在高速使用时要从负载电容的角度加以考虑，例如 CC4000T 系列 CMOS 集成电路在 10 MHz 以上速度运用时应限制在 20 个门以下。

1.1.5　数字集成电路的数据手册

每一个型号的数字集成电路都有自己的数据手册（datasheet），查阅数据手册可以获得诸如生产者、功能说明、设计原理、电特性（包括 DC 和 AC）、机械特性（封装和包装）、原理图和 PCB 设计指南等信息。其中，有些信息是在使用时必须关注的，有些信息是根本不需考虑的，而且设计要求不同时需要关注的信息也会不同。所以，为了正确使用数字集成电路，必须学会阅读集成电路数据手册。基本要求是：

（1）要理解集成电路各种参数的意义。

（2）要清楚为了达到设计指标，应该关心集成电路的哪些参数。

（3）在手册中查找自己关心的参数，看是否满足自己的要求，这时可能会得到很多种在功能和性能上都满足设计要求的集成电路型号。

（4）在满足功能和性能要求的前提下，综合考虑供货、性价比等情况作出最后选择，确定一个型号。

下面仅就集成电路的封装（见表 1.1.1）和引脚标识作简单说明，其他信息请查阅相关资料。

表 1.1.1　集成电路的封装形式

序号	类型及说明	外　观
1	球栅触点阵列（BGA）封装：表面贴装型封装的一种，在 PCB 的背面布置二维阵列的球形端子，而不采用针脚引脚。焊球的间距通常为 1.5 mm、1.0 mm、0.8 mm，与插针网格阵列（PGA）封装相比，不会出现针脚变形问题。具体有增强型 BGA（EBGA）封装、低轮廓 BGA（LBGA）封装、塑料 BGA（PBGA）封装、细间距 BGA（FBGA）封装、带状封装超级 BGA（TSB-GA）封装等	

序号	类型及说明	外　观
2	双列直插(DIP)封装:引脚在芯片两侧排列,是插入式封装中最常见的一种,引脚间距为 2.54 mm,电气性能优良,又有利于散热,可制成大功率器件,具体有塑料 DIP(PDIP)封装、陶瓷 DIP(PCDIP)封装等	
3	带引脚的陶瓷芯片载体(CLCC)封装:表面贴装型封装之一,引脚从封装的四个侧面引出,呈 J 字形。带有窗口的用于封装紫外线擦除型 EPROM 以及带有 EPROM 的微机电路等。也称 J 形引脚芯片载体(JLCC)封装、四侧 J 形引脚扁平(QFJ)封装	
4	无引线陶瓷封装载体(LCCC)封装:芯片封装在陶瓷载体中,无引脚的电极焊端排列在底面的四边。引脚中心距为 1.27 mm,引脚数为 18～156。高频特性好,造价高,一般用于军品	
5	矩栅(岸面栅格)阵列(LGA)封装:是一种没有焊球的重要封装形式,它可直接安装到 PCB 上,比其他 BGA 封装在与基板或衬底的互连形式上要方便得多,被广泛应用于微处理器和其他高端芯片封装上	
6	四方扁平封装(QFP):表面贴装型封装的一种,引脚端子从封装的两个侧面引出,呈 L 字形,引脚间距为 1.0 mm、0.8 mm、0.65 mm、0.5 mm、0.4 mm、0.3 mm,引脚可达 300 以上。具体有薄(四方形)QFP(TQFP)、塑料 QFP(PQFP)、小引脚中心距 QFP(FQFP)、薄型 QFP(LQFP)等	
7	插针网格阵列(PGA)封装:芯片内外有多个方阵形的插针,每个方阵形插针沿芯片的四周间隔一定距离排列,根据引脚数目的多少,可以围成 2～5 圈。安装时,将芯片插入专门的 PGA 插座。具体有塑料 PGA(PPGA)封装、有机 PGA(OPGA)封装、陶瓷 PGA(CPGA)封装等	
8	单列直插封装(SIP):引脚中心距通常为 2.54 mm,引脚数为 2～23,多数为定制产品。造价低且安装方便,广泛用于民品	

序号	类型及说明	外 观
9	小外形封装(SOP):引脚有 J 形和 L 形两种形式,中心距一般分 1.27 mm 和 0.8 mm 两种。SOP 技术是菲利浦公司 1968 年—1969 年开发成功,以后逐渐派生出 J 形 SOP(JSOP)、薄 SOP(TSOP)、甚小 SOP(VSOP)、缩小型 SOP(SSOP)、薄的缩小型 SOP(TSSOP)、小外形晶体管(SOT)封装、小外形集成电路(SOIC)封装等	

不管哪种封装形式,外壳上都有供识别引脚排序定位(或称第 1 脚)的标记,如管键、弧形凹口、圆形凹坑、小圆圈、色条、斜切角等。识别数字集成电路引脚的方法是:将集成电路正面的字母、代号对着自己,使定位标记朝左下方,则处于最左下方的引脚是第 1 脚,再按逆时针方向依次数引脚,第 2 脚、第 3 脚等等。个别进口集成电路引脚排列顺序是反的,这类集成电路的型号后面一般带有字母"R"。除了掌握这些一般规律外,要养成查阅数据手册的习惯,通过阅读数据手册,可以准确无误地识别集成电路的引脚号。

实验中常用的数字集成电路芯片多为 DIP,其引脚数有 14、16、20、24 等多种。在标准型 TTL/CMOS 集成电路中,电源端 V_{CC}/V_{DD} 一般排在左上端,接地端 GND/V_{SS} 一般排在右下端。芯片引脚图中字母 A、B、C、D、I 为电路的输入端,EN、G 为电路的使能端,NC 为空脚,Y、Q 为电路的输出端,V_{CC}/V_{DD} 为电源,GND/V_{SS} 为地,字母上的非号表示低电平有效。

1.1.6 逻辑电平

1)常用的逻辑电平

逻辑电平有 TTL、CMOS、LVTTL、ECL、PECL、GTL、RS-232、RS-422、LVDS 等。其中 TTL 和 CMOS 的逻辑电平按典型电压可分为四类:5 V 系列(5 V TTL 和 5 V CMOS)、3.3 V 系列、2.5 V 系列和 1.8V 系列。5 V TTL 和 5 V CMOS 逻辑电平是通用的逻辑电平;3.3 V 及以下的逻辑电平被称为低电压逻辑电平,常用的为 LVTTL 电平,低电压的逻辑电平还有 2.5 V 和 1.8 V 两种;ECL/PECL 和 LVDS 是差分输入输出;RS-422/RS-485 和 RS-232 是串口的接口标准,RS-422/RS-485 是差分输入/输出,RS-232 是单端输入/输出。

2)TTL 和 CMOS 逻辑电平的关系

图 1.1.5 为 5 V TTL 逻辑电平、5 V CMOS 逻辑电平、LVTTL 逻辑电平和 LVCMOS 逻辑电平的示意图。

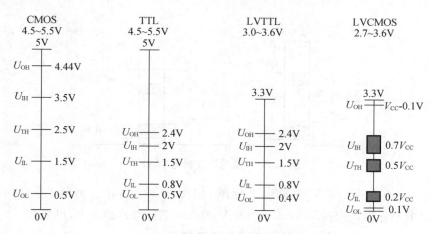

图 1.1.5 TTL 和 CMOS 逻辑电平

5 V TTL 逻辑电平和 5 V CMOS 逻辑电平是通用的逻辑电平,它们的输入、输出电平差别较大,在互联时要特别注意。另外,5 V CMOS 的逻辑电平参数与供电电压有一定关系,一般情况下,$U_{OH} \geqslant V_{DD} - 0.2V$,$U_{IH} \geqslant 0.7V_{DD}$;$U_{OL} \leqslant 0.1V$,$U_{IL} \leqslant 0.3V_{DD}$;噪声容限比 TTL 电平高。

电子器件工程联合委员会(JEDEC)在定义 3.3 V 的逻辑电平标准时,定义了 LVTTL 和 LVCMOS 逻辑电平标准。LVTTL 逻辑电平标准的输入输出电平与 5 V TTL 逻辑电平标准的输入输出电平很接近,从而给它们之间的互联带来了方便。LVTTL 逻辑电平定义的工作电压范围为 3.0～3.6 V。

LVCMOS 逻辑电平标准是从 5 V CMOS 逻辑电平标准移植过来的,所以它的 U_{IH}、U_{IL} 和 U_{OH}、U_{OL} 与工作电压有关,其值如图 1.1.5 所示。LVCMOS 逻辑电平定义的工作电压范围为 2.7～3.6 V。

5 V CMOS 逻辑器件工作于 3.3 V 时,其输入、输出逻辑电平即为 LVCMOS 逻辑电平,它的 U_{IH} 约为 $0.7V_{DD} \approx 2.31$ V,由于此电平与 LVTTL 的 U_{OH}(2.4 V)之间的电压差太小,使逻辑器件工作的不稳定性增加,所以一般不推荐 5 V CMOS 集成电路工作于 3.3 V 电压的工作方式。由于相同的原因,使用 LVCMOS 输入电平参数的 3.3 V 逻辑器件也很少。

JEDEC 为了加强在 3.3 V 上各种逻辑器件的互联和 3.3 V 与 5 V 逻辑器件的互联,在参考 LVCMOS 和 LVTTL 逻辑电平标准的基础上,又定义了一种标准,其名称即为 3.3 V 逻辑电平标准,其参数如图 1.1.6 所示。

从图 1.1.6 可以看出,3.3 V 逻辑电平标准的参数其实与 LVTTL 逻辑电平标准的参数差别不大,只是它定义的 U_{OL} 可以很低(0.2 V),另外,它还定义了其 U_{OH} 最高可以大到 $V_{CC} - 0.2$ V,所以 3.3 V 逻辑电平标准可以包容 LVCMOS 的输出电平。在实际使用中,对 LVTTL 标准和 3.3 V 逻辑电平标准并不太区分,一般来说可以用 LVTTL 电平标准来替代 3.3 V 逻辑电平标准。

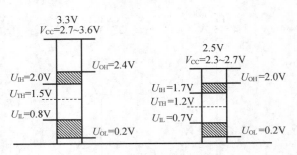

图 1.1.6　低电压逻辑电平标准

JEDEC 还定义了 2.5 V 逻辑电平标准,如图 1.1.6 所示。另外,还有一种 2.5 V CMOS 逻辑电平标准,它与图 1.1.6 的 2.5 V 逻辑电平标准差别不大,可兼容。

低电压的逻辑电平还有 1.8 V、1.5 V、1.2 V 等等。

1.2　数字电路实验

开设数字电路实验课程的目的是:通过功能测试类实验,进一步巩固"数字电路与逻辑设计"课的基本理论,增加对数字逻辑理论的感性认识;通过设计性试验,锻炼基本技能(包括如焊接、器件手册的查阅、资料检索、读图、仿真软件使用、原理图和 PCB 设计软件的使用、仪器仪表的使用等能力)、了解新产品的基本设计流程,以期能够根据指标要求,顺利地设计、仿真、制作、调试和测试一些简单实用的电路;通过综合性实验,满足部分学生进一步提高设计能力的需求。

总之,数字电路实验课的开设,可以使学生在不断发现问题、分析问题和解决问题的过程中培养面对问题的冷静心态,自觉加强各相关知识点的联系,从而达到提高心智、扩大知识面和提高实践能力的目的。

1.2.1　数字电路实验的基本过程

数字电路实验的基本过程应包括:确定实验内容,预习(设计性和综合性实验要求事先设计好电路,包括设计原理图和 PCB 图),选定最佳的实验方法(是否需要仿真等),拟出较好的实验步骤,合理选择仪器设备和元器件,进行连接安装和调试,最后写出完整的实验报告。

1)　实验预习

认真预习是做好实验的关键。每次实验前首先要认真复习有关实验的基本原理(对于验证性实验,要熟悉相关电路的工作原理;对于设计性实验,要设计出符合题目要求的原理图,并进一步画出电路接线图,需要仿真的要先进行仿真,为进入实验室做好充分准备),撰写预习报告,有疑问的地方要主动通过查资料、讨论或咨询他人等方式予以解决,不要等到实验课开始后再处理。另外,实验前对如何着手实验一定要做到心中有数(是否需要用仿真软件对所预习的实验内容进行仿真验证、如何调试和测试等)。

预习报告应包括以下内容：

（1）绘出设计好的实验电路图，该图应该是逻辑图和连线图的混合，既便于连接电路，又能反映电路原理，必要时可以添加文字说明。

（2）拟定实验方法和步骤。

（3）拟定记录实验数据的表格，并填入理论值。

（4）列出元器件清单。

2）实验记录

到了实验室，可以先大致判断一下所有的工具及设备是否符合要求，如没有问题，可考虑整体电路的布局问题，通常情况下，我们主张把电路进行分模块搭接、调试（一般来说大致可以分成三部分：信号输入部分、数据处理部分、信号输出部分），最后进行联调。

电路开始工作后，要认真进行实验数据的记录，并与理论值进行比较。若有出入，要认真分析原因；若不正确，则要认真进行调试和测试，分析原因并设法解决。

实验记录应包括以下内容：

（1）实验任务、名称及内容。

（2）实验数据以及实验中出现的问题及解决办法。

（3）记录波形时，应注意输入、输出波形的时间相位关系。

（4）实验中实际使用的仪器型号和编号以及元器件使用情况。

3）实验报告

实验报告是培养学生对科学实验的总结能力和分析能力的有效手段，也是一项重要的基本功训练，它有助于巩固实验成果、加深对基本理论的认识和理解，进一步提高学生的心智、扩大其知识面。实验报告的基本要求是：文字简洁，内容清楚，图表工整。

报告内容应包括实验目的、实验内容和结果、实验仪器和元器件以及分析讨论等，其中，实验内容和结果是报告的主要部分，它应包括实际完成的全部实验，并且要按实验任务逐个书写，每个实验任务应包括以下内容：

（1）实验课题的方框图、逻辑图（或测试电路）、状态图、真值表以及文字说明等，对于设计性课题，还应有整个设计过程和关键的设计技巧说明。

（2）实验记录和经过整理的数据、表格、曲线和波形图。应利用三角板、曲线板等工具将曲线和波形尽可能准确地描绘在坐标纸上。

（3）实验结果分析、讨论及结论。对讨论的范围没有严格要求，一般应对重要的实验现象、结论加以讨论，以便进一步加深理解；对实验中的异常现象，可进行简要分析说明，总结实验中有何收获；讨论一下电路的功能是否可以进行改进，存在哪些问题；等等。

1.2.2 数字电路的调试

1）调试电路时应具备的基本素质

不仅是对一个刚开始接触数字电路实验的同学，即使是对一个经验丰富的设计人员来说，电路中出现故障也是常见的事，那就需要调试。调试电路时需要具备以下基本素质：

（1）扎实的理论功底，这是能够发现问题的前提。

（2）冷静的心态，面对问题不发慌。

（3）调试意识，也就是要能想到调试。有了调试意识，遇到问题自然就会想办法调试，就会去找调试工具。

（4）调试能力，包括是否有扎实的理论功底和能否熟练使用仪器仪表两个方面。

应该讲，以上四者缺一不可。

2）调试电路的基本步骤及常用工具

调试电路的基本步骤为：

（1）划分功能模块，一个模块一个模块地检查。

（2）对于每一个模块，先检查电源，再从输入到输出或从输出到输入一步一步地进行检查。

（3）确定故障模块，进而确定故障点。

（4）解决问题。

如果是组合电路，重点检查电路是否按功能表描述的方式工作；如果是时序电路，检查电路的工作时序是否符合要求。

调试数字电路的常用工具有万用表、示波器、逻辑笔和逻辑分析仪等。

1.2.3　数字电路实验的方法

随着科技的进步，实验的方法和手段也在发展。20 世纪 80 年代主要是采用传统的设计电路的方法，电路图设计出来之后，拿着图纸到实验室内，在面包板或实验箱上搭接硬件电路。90 年代以后，计算机辅助设计（CAD）开始逐步进入本科生的实验课程中。目前，在实验教学中，电子设计自动化（EDA）技术已被广泛使用。本书选用 Muitisim 8 作为电路仿真软件；以简单易学的 Quartus Ⅱ 作为可编程逻辑器件（PLD）的开发环境，采用符合国际标准的甚高速集成电路硬件描述语言（VHDL）作为设计电路文本文件的高级语言；原理图和 PCB 设计软件可选用 orCAD＋PowerPCB、PADS 或 Protel99SE 等。

第2篇 基本型（验证性）实验

2 数字电路基本实验

2.1 基本门电路的测试

2.1.1 实验目的

（1）熟悉数字系统综合实验箱和各种仪器仪表的使用方法。

（2）验证基本门电路的逻辑功能，增加对数字电路的感性认识。

（3）掌握数字电路的动态测试法和静态测试法。

（4）了解门电路的设计原理，学会基本特性的分析和测试方法。

2.1.2 实验设备

万用表1块；

直流稳压电源1台；

低频信号发生器1台；

示波器1台；

数字系统综合实验箱1台；

集成电路74LS00、74LS04、74HC04、CD4001等各1片。

2.1.3 实验原理

1）组合逻辑电路的测试

（1）功能测试

组合逻辑电路功能测试的目的是验证其输出与输入的关系是否与真值表相符。测试方法有静态测试和动态测试两种。

① 静态测试

静态测试就是给定数字电路若干组静态输入值，测试数字电路的输出值是否正确。实验时，可将输入端分别接到逻辑电平开关上，按真值表将输入信号一组一组地依次送入被测电路，用电平显示灯分别显示各输入端和输出端的状态，观察输入与输出之间的关系是否符合设计要求,从而判断此电路静态工作是否正常。

② 动态测试

在静态测试基础上,按设计要求在输入端加动态脉冲信号,用示波器观察输入、输出波形是否符合设计要求,这就是动态测试。动态测试是测量组合逻辑电路的频率响应。

(2) 电路参数和电气特性测试

在系统电路设计时,往往要用到一些门电路,而门电路的一些特性参数的好坏在很大程度上影响整机工作的可靠性。

门电路的参数通常分静态参数和动态参数两种。TTL 逻辑门的主要参数有:扇入系数 N_I 和扇出系数 N_O、输出高电平 U_{OH}、输出低电平 U_{OL}、电压传输特性曲线、开门电平 U_{on} 和关门电平 U_{off}、输入短路电流 I_{SE}、空载导通功耗 P_{on}、空载截止功耗 P_{off}、抗干扰噪声容限、平均传输延迟时间、输入漏电流 I_{IH} 等。

测试组合逻辑电路的参数和特性的主要工具为直流稳压电源、逻辑分析仪、信号发生器、示波器、万用表等。一般来说,除了要求使用有效的测试方法进行测试外,测试过程对仪器仪表的性能也有较高要求。

2) 集成门电路设计原理

了解集成电路的内部设计原理,对于分析和解决使用集成电路过程中遇到的问题非常重要。对于数字集成电路,需要着重了解门电路的工作原理(特别是输入、输出部分的电路结构和设计原理)、动态特性、静态特性、开关特性和主要参数。

(1) TTL 与非门电路

如图 2.1.1 所示为集成电路芯片 74LS00 的外形和引脚排列图。

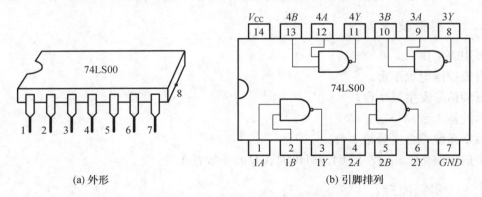

(a) 外形　　　　　　　　　　(b) 引脚排列

图 2.1.1　74LS00 的外形和引脚排列

图 2.1.2 为 TTL 与非门内部设计原理。

① TTL 门电路的输入级电路

在 TTL 电路中,与门、与非门的输入级电路结构形式和或门、或非门的输入电路结构形式是不同的。由图 2.1.2 可见,从与非门输入端看进去是一个多发射极三极管,每个发射极是一个输入端,而在或非门电路(见图 2.1.3)中,从每个输入端看进去都是一个单独的三极管,而且它们相互间在电路上没有直接的联系。

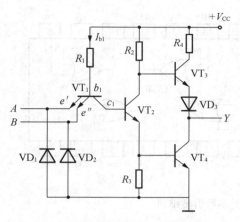
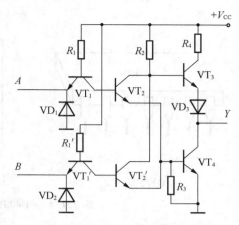

图 2.1.2　TTL 与非门设计原理　　　　图 2.1.3　TTL 或非门设计原理

对于图 2.1.2 的与非门电路,当输入为低电平时,由于三极管 VT_2 处于截止状态,所以无论有几个输入端并联,总的输入电流都等于 I_{b1},而且发射结的导通压降仍为 $0.7\ V$。因此,总的低电平输入电流与只有一个输入端接低电平时的输入电流 I_{IL} 相同。当输入端接高电平时,e'-b_1-c_1 和 e''-b_1-c_1 分别构成两个倒置状态的三极管,所以总的输入电流是单个输入端高电平输入电流 I_{IH} 的两倍,也就是 I_{IH} 乘以并联输入端的数目。

对于图 2.1.3 的或非门电路,从每个输入端看进去都是一个独立的三极管,因此在将 n 个输入端并联后,无论总的高电平输入电流 $\sum I_{IH}$ 还是总的低电平输入电流 $\sum I_{IL}$ 都是单个输入端输入电流的 n 倍。

② TTL 门电路的推拉式输出级

在 TTL 电路中,与门、与非门、或门、或非门等的输出电路结构形式是相同的,采用的都是推拉式输出电路结构(见图 2.1.2 和图 2.1.3)。下面以图 2.1.2 为例进行分析。当输出低电平时,VT_3 截止,而 VT_4 饱和导通。双极型三极管饱和导通状态下具有很低的输出电阻。在 74 系列 TTL 电路中,这个电阻通常只有几欧,所以若外接的串联电阻在几百欧以上,在分析计算时可以将它忽略不计。

当输出为高电平时,VT_4 截止而 VT_3 导通。VT_3 工作在射极输出状态。已知射极输出器的最主要特点就是具有高输入电阻和低输出电阻。在模拟电子技术基础教材中,对这一特性都有详细的说明。根据理论推导,高电平输出电阻为:

$$r_O = \frac{R_2}{1+\beta_3} + r_{be3}(1+\beta_3) + r_D$$

式中:r_{be3} 为 VT_3 发射结的导通电阻;β_3 为 VT_3 的电流放大系数;r_D 是二极管 VD_3 的导通电阻。

74 系列 TTL 门电路的高电平输出电阻约在几十 Ω 至 $100\ \Omega$ 之间。显然,这个数值比低电平输出电阻大得多。正因为如此,总是用输出低电平去驱动输出负载。

(2) CMOS 或非门电路

图 2.1.4 所示为集成电路芯片 CD4001 的外形和引脚排列图。

图 2.1.5 为 CMOS 或非门内部设计原理。

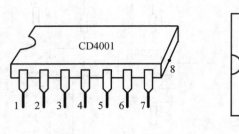

(a) 外形

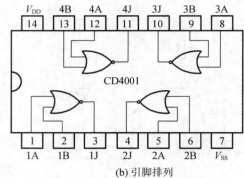

(b) 引脚排列

图 2.1.4 CD4001 的外形和引脚排列

CMOS 门电路的系列产品包括或非门、与非门、或门、与门、与或非门、异或门等，它们都是以反相器为基本单元构成的，在结构上保持了 CMOS 反相器的互补特性，即 NMOS 和 PMOS 总是成对出现的，因而具有与 CMOS 反相器同样良好的静态和动态性能。

图 2.1.5 所示电路将两只 NMOS 管并联、PMOS 管串联构成了 CMOS 或非门，其中 VT_3、VT_2 是两个互补对称的 P、N 沟道对管。

关于 CMOS 或非门在这里仅作以上提示，有兴趣的同学可以查阅相关资料获得更具体的分析，在这里不再赘述。

3）测试集成门电路的主要参数和特性

下面以 74LS00 四 2 输入与非门为例进行说明。74LS00 的主要电参数规范如表 2.1.1 所示。

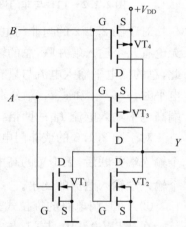

图 2.1.5 CMOS 或非门设计原理

表 2.1.1 74LS00 的主要电参数规范

	参数名称和符号	规范值	单位	测试条件
直流参数	通导电源电流 I_{CCL}	<14	mA	$V_{CC}=5$ V，输入端悬空，输出端空载
	截止电源电流 I_{CCH}	<7	mA	$V_{CC}=5$ V，输入端接地，输出端空载
	低电平输入电流 I_{IL}	≤1.4	mA	$V_{CC}=5$ V，被测输入端接地，其他输入端悬空，输出端空载
	高电平输入电流 I_{IH}	<50	μA	$V_{CC}=5$ V，被测输入端 $U_I=2.4$ V，其他输入端接地，输出端空载
		<1	mA	$V_{CC}=5$ V，被测输入端 $U_I=5$ V，其他输入端接地，输出端空载
	输出高电平 U_{OH}	≥3.4	V	$V_{CC}=5$ V，被测输入端 $U_I=0.8$ V，其他输入端悬空，$I_{OH}=400$ μA
	输出低电平 U_{OL}	<0.3	V	$V_{CC}=5$ V，输入端 $U_I=2.0$ V，$I_{OL}=12.8$ mA
	扇出系数 N_O	4～8	V	同 U_{OH} 和 U_{OL}
交流参数	平均传输延迟时间 t_{pd}	≤20	ns	$V_{CC}=5$ V，被测输入端 $U_I=3.0$ V，$f=2$ MHz

（1）电源特性

① 低电平输出电源电流 I_{CCL} 和高电平输出电源电流 I_{CCH}

与非门处于不同的工作状态,电源提供的电流是不同的。I_{CCL} 是指所有输入端悬空、输出端空载时,电源提供给器件的电流;I_{CCH} 是指输出端空载、每个门各有 1 个以上的输入端接地、其余输入端悬空时,电源提供给器件的电流。通常 $I_{CCL} > I_{CCH}$,它们的大小标志着器件静态功耗的大小。器件的最大功耗为 $P_{CCL} = V_{CC}I_{CCL}$。手册中提供的电源电流和功耗值是指整个器件总的电源电流和总的功耗。I_{CCL} 和 I_{CCH} 测试电路如图 2.1.6(a)、(b)所示。

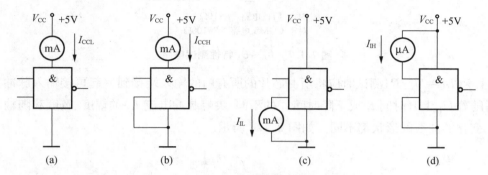

图 2.1.6 TTL 与非门静态参数测试电路

注意:TTL 电路对电源电压要求较严,电源电压 V_{CC} 只允许在 +5 V±0.5 V 的范围内工作,超过 5.5 V 将损坏器件;低于 4.5 V 时器件的逻辑功能将不正常。

② 低电平输入电流 I_{IL} 和高电平输入电流 I_{IH}

I_{IL} 是指被测输入端接地、其余输入端悬空、输出端空载时,由被测输入端流出的电流值。在多级门电路中,I_{IL} 相当于前级门输出低电平时,后级向前级门灌入的电流,因此它关系到前级门的灌电流负载能力,即直接影响前级门电路带负载的个数,因此希望 I_{IL} 小些。

I_{IH} 是指被测输入端接高电平、其余输入端接地、输出端空载时,流入被测输入端的电流值。在多级门电路中,它相当于前级门输出高电平时,前级门的拉电流负载,其大小关系到前级门的拉电流负载能力,因此希望 I_{IH} 小些。由于 I_{IH} 较小,难以测量,一般免于测试。

I_{IL} 与 I_{IH} 的测试电路如图 2.1.6(c)、(d)所示。

③ $I_{CC} \sim U_I$ 特性测试

在实际工作中,输入电压由低电平上升为高电平,或由高电平下降为低电平的过程中,有一段时间门的负载管和驱动管同时导通,这时电源电流瞬时加大,即会产生浪涌电流。当电路工作频率增高时,随着输入电压 U_I 的上升时间 t_r 和下降时间 t_f 的加大,尖峰电流的幅度、宽度也随着增大,从而使动态平均电流增大,功耗增加。

测试 $I_{CC} \sim U_I$ 特性的电路如图 2.1.7 所示。

按图 2.1.7 接好电路,其输入信号为具有一定上升时间的矩形波,且矩形波的低电平 $U_L = 0$ V,高电平 $U_H = 3$ V(对于 CMOS 门,$U_H = V_{DD}$)。此时示波器屏幕上的图形即为 $I_{CC} \sim U_I$ 特性曲线。

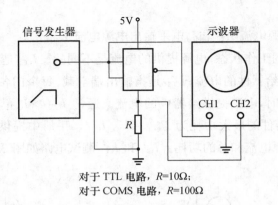

对于 TTL 电路，R=10Ω;
对于 COMS 电路，R=100Ω

图 2.1.7　$I_{CC}\sim U_I$ 特性测试电路

注意:$I_{CC}=U_R/R$;测试时应将所测芯片的所有门的输入端接到一起再接输入脉冲信号信号;随着 U_I 上升时间 t_r 或下降时间 t_f 的不同,尖峰脉冲电流 I_{CC} 的幅度、宽度和随输入电压 U_I 变化的曲线的形状都不同。如图 2.1.8 所示。

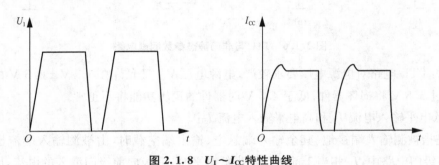

图 2.1.8　$U_I\sim I_{CC}$ 特性曲线

(2) 扇出系数 N_O

扇出系数 N_O 是指门电路能驱动同类门的个数,它是衡量门电路负载能力的一个参数。TTL 与非门有两种不同性质的负载,即灌电流负载和拉电流负载,因此有两种扇出系数,即低电平扇出系数 N_{OL} 和高电平扇出系数 N_{OH}。通常 $I_{IH}<I_{IL}$,则 $N_{OH}>N_{OL}$,故常以 N_{OL} 作为门的扇出系数。

N_{OL} 的测试电路如图 2.1.9 所示。门的输入端全部悬空,输出端接灌电流负载 R_L,调节 R_L 使 I_{OL} 增大,U_{OL} 随之增高,当 U_{OL} 达到 U_{OLm}(手册中规定低电平规范值 0.4 V)时的 I_{OL} 就是允许灌入的最大负载电流,则 $N_{OL}=I_{OL}/I_{IL}$,通常 $N_O\geqslant8$。

(3) 电压传输特性

门的输出电压 U_O 随输入电压 U_I 而变化的曲线 $U_O=f(U_I)$ 称为门的电压传输特性,通过它可读得门电路的一些重要参数,如输出高电平 U_{OH}、输出低电平 U_{OL}、逻辑摆幅 ΔU、关门电平 U_{off}、开门电平 U_{on}、阈值电平 U_T 及抗干扰容限 U_{NL}、U_{NH} 等值。

测试电路如图 2.1.10 所示,采用逐点测试法,即调节 R_w,逐点测得 U_I 及 U_O,然后绘成曲线。

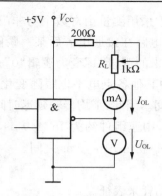

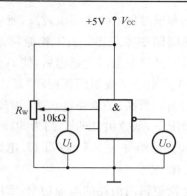

图 2.1.9　扇出系数测试电路　　　　　　图 2.1.10　传输特性测试电路

（4）传输时延

在 TTL 电路中，由于二极管和三极管从导通变为截止或从截止变为导通都需要一定的时间，而且还有二极管、三极管以及电阻、连接线等的寄生电容存在，所以把理想的矩形电压信号加到 TTL 反相器的输入端时，输出电压的波形不仅要比输入信号滞后，而且波形的上升沿和下降沿也将变坏，如图 2.1.11 所示。输出电压波形滞后于输入电压波形的时间称为传输延迟时间。通常将输出电压由低电平跳变为高电平时的传输延迟时间称为截止延迟时间，记作 t_{pLH}，把输出电压由高电平跳变为低电平时的传输延迟时间称为导通延迟时间，记作 t_{pHL}。t_{pLH} 和 t_{pHL} 的定义方法如图 2.1.11(a)所示。

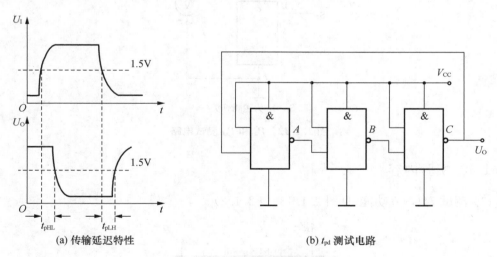

(a) 传输延迟特性　　　　　　　　　　(b) t_{pd} 测试电路

图 2.1.11　平均传输延迟时间

平均传输延迟时间 t_{pd} 定义为：

$$t_{pd} = \frac{t_{pHL} + t_{pLH}}{2}$$

TTL 门电路的传输延迟时间一般为几十纳秒，延迟时间越长，说明门的开关速度越低。

因为传输延迟时间与电路的许多分布参数有关，不易准确计算，所以 t_{pHL} 和 t_{pLH} 的数值最后都是通过实验方法测定的。这些参数可以从产品手册上查到。

t_{pd} 的测试电路如图 2.1.11(b)所示。由于 TTL 门电路的延迟时间较小，直接测量时对信号发生器和示波器的性能要求较高,所以实验中采用测量由奇数个与非门组成的环形振荡器的振荡周期 T 来求得。其工作原理是:假设电路在接通电源后某一瞬间,电路中的 A 点为逻辑"1",经过三级门的延迟后,使 A 点由原来的逻辑"1"变为逻辑"0";再经过三级门的延迟后,A 点电平又重新回到逻辑"1"。电路中其他各点电平也跟随变化。说明使 A 点发生一个周期的振荡,必须经过 6 级门的延迟时间。因此,平均传输延迟时间为 $t_{pd}=T/6$。

一般情况下,低速组件的 t_{pd} 约为 40～160 ns,中速组件约为 15～40 ns,高速组件约为 8～15 ns,超高速组件小于 8 ns。TTL 电路的 t_{pd} 一般在 10～40 ns 之间。

(5) 功耗

功耗是指逻辑门消耗的电源功率,常用空载功耗来表征。

当输出端空载、逻辑门输出低电平时的功耗 $P_{on}=V_{CC}I_{CCL}$ 称为空载导通功耗(I_{CCL} 为低电平输出电源电流),当输出端空载、逻辑门输出高电平时的功耗 $P_{off}=V_{CC}I_{CCH}$ 称为空载截止功耗(I_{CCH} 为高电平输出电源电流)。一般,$P_{on}>P_{off}$,而 P_{on} 一般不超过 50 mW。P_{on} 和 P_{off} 的测试方法如图 2.1.12 所示。

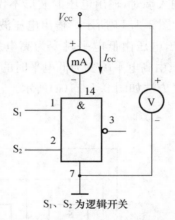

图 2.1.12　P_{on} 和 P_{off} 测试电路

2.1.4　实验内容

(1) 测试 74LS00 功能(见图 2.1.13、表 2.1.2)。

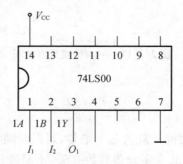

图 2.1.13　74LS00 静态测试接线

表 2.1.2 74LS00 与非门的逻辑功能测试结果

输 入		输 出	
A	B	电压(V)	Y(逻辑电平)
0	0		
0	1		
1	0		
1	1		

① 静态测试:选择 74LS00 中任意一组逻辑门进行静态测试。按图 2.1.13 接线,在与非门的 2 个输入端 A、B 上分别加入相应的逻辑电平 A、B,观察并记录与非门对应输出端的逻辑电平 Y 和电压,测试结果填入表 2.1.2 中,判断该器件工作是否正常。

② 动态测试:观察与非门对脉冲的控制作用。在 74LS00 中任选一组与非门,分别按图 2.1.14(a)、(b)连线,并用示波器观察输入、输出端波形,绘出波形图。分析与非门如何完成对脉冲的控制功能。

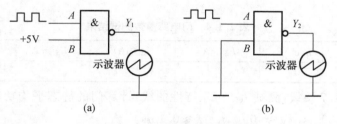

图 2.1.14 74LS00 动态测试接线

(2) 测试 CD4001 功能。

① 静态测试:选择 CD4001 中任意一组逻辑门进行静态测试。按图 2.1.15 接线,在或非门输入端 A、B 上分别加上相应的逻辑电平 A、B,测试、观察并记录或非门对应输出端 J 的逻辑电平 J 和电压,测试结果填入表 2.1.3 中,判断该器件工作是否正常。

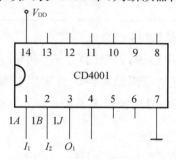

图 2.1.15 CD4001 动态测试接线

表 2.1.3 CD4001 或非门的静态测试结果

输 入		输 出	
A	B	电压(V)	J(逻辑电平)
0	0		
0	1		
1	0		
1	1		

② 动态测试:观察或非门对脉冲的控制作用。在 CD4001 中任选一组或非门,分别按图 2.1.16(a)、(b)连线,并用示波器观察输入、输出端波形,绘出波形图。分析或非门如何完成对脉冲的控制功能。

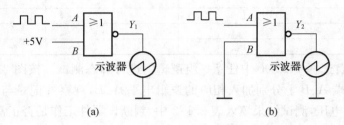

图 2.1.16   CD4001 动态测试接线

(3) 分别按图 2.1.6、图 2.1.9、图 2.1.11(b)接线并进行测试,将测试结果填入表2.1.4 中。

表 2.1.4   门电路参数测试结果

I_{CCL}(mA)	I_{CCH}(mA)	I_{IL}(mA)	$I_{IH}(\mu A)$	I_{OL}(mA)	$t_{pd}(=T/6)$(ns)

(4) 按图 2.1.7 接线,测试 $I_{CC}\sim U_I$ 特性曲线,计算门的静态平均功耗。要求:输入矩形波信号的 $T\approx100\ \mu s$,$T_W\approx40\ \mu s$,$t_r=t_f\approx0.1\ \mu s$。

(5) 接图 2.1.10 接线,调节电位器 R_w,使 U_I 从 0 向高电平变化,逐点测量 U_I 和 U_O 的对应值,填入表 2.1.5 中。

表 2.1.5   传输特性测试结果

U_I(V)	0	0.2	0.4	0.6	0.8	1.0	1.5	2.0	2.5	3.0	3.5	4.0	...
U_O(V)													

(6) 按图 2.1.12 接线,测试 P_{on} 和 P_{off}。

(7) 在图 2.1.17 所示逻辑电路中,若与门 G_1、G_2 和 G_3 的传输延迟范围如图 2.1.17 中所注,试确定该电路的总传输时延范围是多少。查集成电路手册,选择符合要求的集成电路搭试电路,并用示波器观察各信号的波形关系图。

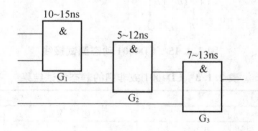

图 2.1.17   实验(7)用图

(8) 图 2.1.18 所示为用 TTL 与非门构成的开关电路,为使开关 S_1 和 S_2 打开时,门的

输入端 A 和 B 分别有确定的起始电平 1 和 0,故 A 端通过电阻 R_A 接 V_{CC},B 端则通过电阻 R_B 接地。试确定 R_A 和 R_B 的值,门输入特性的相关参数已注在该图中。

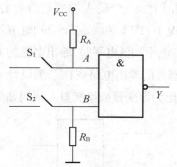

$I_{IL}=1.6\text{mA}$, $U_{IL}=0.8\text{V}$, $I_{IH}=40\mu\text{A}$, $U_{IH}=2.0\text{V}$

图 2.1.18　TTL 与非门构成的开关电路

(9) 图 2.1.19 为 CMOS 反相器原理电路,其中 VT_1 和 VT_2 是两个互补对称的 P、N 沟道对管。试分析为什么 CMOS 反相器的电压传输特性曲线比较接近理想的开关特性? 请用 74HC04(封装同 74LS04,见附录 A)进行验证。

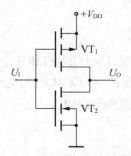

图 2.1.19　CMOS 反相器原理电路

2.1.5　实验报告

(1) 整理并分析实验数据。

(2) 分析实验过程中遇到的问题,描述解决问题的思路和办法。

2.1.6　思考题

(1) 为什么 TTL 与非门的输入端悬空相当于逻辑"1"? 在实际电路中可以悬空吗?

(2) CMOS 逻辑门不用的输入端可以悬空吗? 为什么?

(3) CMOS 逻辑门的高电平和低电平的电压范围分别是多少? 请与 TTL 逻辑门进行比较。

(4) 在数字电路中,CMOS 电路和 TTL 电路可以混合使用。请问,CMOS 电路如何驱动 TTL 电路? TTL 电路如何驱动 CMOS 电路? 为什么?

(5) 现要用示波器观测 $T=1\mu\text{s}$,$T_W=0.1\mu\text{s}$,t_r(上升时间)为 20 ns、t_f(下降时间)足够小的矩形波,请问频带宽度应选多少?

（6）工程中为什么用输出低电平驱动输出负载？

（7）为什么普通逻辑门的输出端不能直接连在一起？请结合图 2.1.2 进行说明。

（8）在 TTL 和 CMOS 与非门的一个输入端经过 300 Ω 和 10 kΩ 的电阻接地，其余输入端接高电平。问在这两种情况下 TTL 和 CMOS 与非门的输出电平各为多少？

（9）说明 CMOS 电路输出高电平和低电平时，输出电流的大小和方向以及与负载的关系。

（10）在大规模可编程逻辑器件的输出电路或在系统设计中，经常需要实现可控反相器，如图 2.1.20 所示，以便方便地使输出为原变量或反变量。请问如何用异或门实现可控反相器？

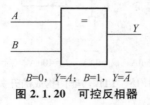

$B=0$，$Y=A$；$B=1$，$Y=\overline{A}$

图 2.1.20　可控反相器

2.2　OC/OD 门和三态门

2.2.1　实验目的

（1）熟悉集电极开路（OC）/漏极开路（OD）门和三态门的逻辑功能。

（2）了解集电极/漏极负载电阻 R_L 对 OC/OD 门电路的影响。

（3）掌握 OC/OD 门和三态门的典型应用。

2.2.2　实验设备

万用表 1 块；

直流稳压电源 1 台；

低频信号发生器 1 台；

示波器 1 台；

数字系统综合实验箱 1 台；

集成电路 74LS03、74HC03、74HC125、74LS00、CC40107 等各 1 片。

2.2.3　实验原理

数字系统中有时需要把两个或两个以上集成逻辑门的输出端直接并接在一起完成一定的逻辑功能。对于普通的 TTL 门电路，由于输出级采用了推拉式输出电路，无论输出是高电平还是低电平，输出阻抗都很低。因此，通常不允许将它们的输出端并接在一起使用。普通 CMOS 门电路也有类似的问题。

在计算机中，CPU 的外围接有大量寄存器、存储器和输入/输出（I/O）口，如果不允许多个器件的数据线相连，那么仅众多的数据线就会使 CPU 体积庞大、功耗激增，计算机也就不可能像今天这样被广泛使用。

OC 门、OD 门和三态输出门是三种特殊的门电路,它们允许把输出端直接并接在一起使用。

1) TTL OC 门

本实验所用 OC 与非门型号为 2 输入四与非门 74LS03,其芯片引脚图见附录 A,逻辑框图和逻辑符号如图 2.2.1 所示。OC 与非门的输出管 VT_3 是悬空的,工作时,输出端必须通过一只外接电阻 R_L 和电源 $+E_C$ 相连接,以保证输出电平符合电路要求。

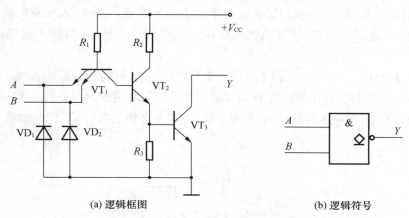

(a) 逻辑框图 (b) 逻辑符号

图 2.2.1 74LS03 逻辑框图和逻辑符号

OC 门的应用主要有下述三个方面:

(1) 利用电路的"线与"特性方便地完成某些特定的逻辑功能。如图 2.2.2 所示,将两个 OC 与非门输出端直接并接在一起,则它们的输出为:

$$Y = Y_1 Y_2 = \overline{A_1 B_1} \cdot \overline{A_2 B_2} = \overline{A_1 B_1 + A_2 B_2}$$

即把两个或两个以上 OC 与非门"线与"可完成"与或非"的逻辑功能。

(2) 实现多路信息采集,使两路以上的信息共用一个传输通道(总线)。

(3) 驱动感性负载或实现逻辑电平转换,以推动荧光数码管、继电器、MOS 器件等多种数字集成电路。如图 2.2.2 的电路中,$+E_C = 10$ V 时,Y 的输出高电平的电压就变成了 10 V。

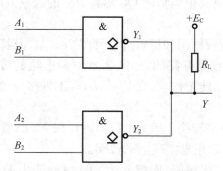

图 2.2.2 OC 与非门"线与"电路

OC 门输出并联运用时负载电阻 R_L 的选择方法如下:

如图 2.2.3 所示的电路是由 n 个 OC 与非门"线与"驱动有 m 个输入端的 N 个 TTL 与

非门,为保证 OC 与非门输出电平符合逻辑要求,负载电阻 R_L 阻值的选择范围为:

$$R_{Lmax}=\frac{E_C-U_{OHmin}}{nI_{OH}-mI_{RE}}$$

$$R_{Lmin}=\frac{E_C-U_{OLmax}}{I_{OL}-mI_{SE}}$$

式中:U_{OHmin} 为输出高电平下限值;U_{OLmax} 为输出低电平上限值;I_{OL} 为单个 OC 门输出低电平时输出管所允许流入的最大电流;I_{OH} 为 OC 门输出高电平时由负载电阻流入输出管的电流,也称输出漏电流;I_{RE} 为负载门输入高电平时的输入电流,也称输入反向电流;I_{SE} 为负载门的短路输入电流;E_C 为 R_L 外接电源电压;n 为 OC 门的个数;m 为接入电路的负载门输入端总个数。

R_L 值须小于 R_{Lmax},否则 U_{OH} 将下降;R_L 值须大于 R_{Lmin},否则 U_{OL} 将上升。R_L 的大小会影响输出波形的边沿时间,在工作速度较高时,R_L 应尽量选取接近 R_{Lmin}。由于调节 R_L 可以调整 OC 门的拉电流和灌电流驱动能力,所以选择 R_L 还要考虑负载对 OC 门驱动能力的要求。

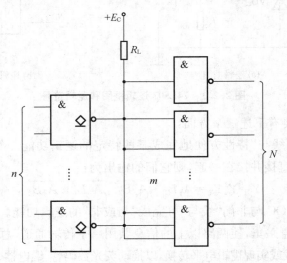

图 2.2.3　OC 与非门负载电阻 R_L 的确定

除了 OC 与非门外,还有其他类型的 OC 器件,R_L 的选取方法也与此类同。

2)CMOS OD 门

CMOS OD 与非门的逻辑框图和逻辑符号见图 2.2.4。其特点是:

(1) 输出 MOS 管的漏极是开路的,如图 2.2.4(a)上边的虚线部分。工作时必须外接电源 $+E_D$ 和电阻 R_L,电路才能工作,实现 $Y=\overline{AB}$;若不外接电源 $+E_D$ 和电阻 R_L,则电路不能工作。

(2) 可以方便地实现电平转换。因为 OD 门输出级 MOS 管漏极电源是外接的,U_{OH} 随 $+E_D$ 的不同而改变,所以可以用来实现电平转换。

(3) 可以用于实现"线与"功能,即把几个 OD 门的输出端直接用导线连接起来实现"与"运算,两个 OD 门进行"线与"连接的电路也如图 2.2.2 所示。

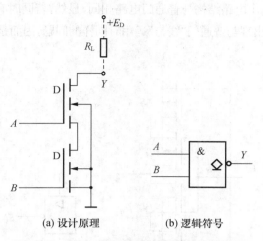

(a) 设计原理   (b) 逻辑符号

图 2.2.4　CMOS OD 门逻辑框图和逻辑符号

（4）OD 门的带负载能力强。输出端为高电平时带拉电流负载的能力 $I_{OH}(=(V_{DD}-U_{OH})/R_{L})$，决定于外接电源 $+E_{D}$ 和电阻 R_{L} 的大小；输出端为低电平时，带灌电流负载的能力 I_{OL}，由输出 MOS 管的容量决定，比较大。例如双 2 输入 OD 与非门 CC40107，当 $+E_{D}=10\ V$，$U_{OL}=0.5\ V$ 时，$I_{OL}\geqslant37\ mA$；若 $+E_{D}=15\ V$，$U_{OL}=0.5\ V$ 时，则 $I_{OL}\geqslant50\ mA$。

OD 门的用途与 OC 门相似，R_{L} 的计算方法也与 OC 门类似，不过在具体使用时要注意考虑 TTL 和 CMOS 电路的区别。

3）CMOS 三态输出门

CMOS 三态输出门（TSL 门）是一种特殊的门电路，与普通的 CMOS 门电路结构不同，它的输出端除了通常的高电平、低电平两种状态外（这两种状态均为低阻状态），还有第三种输出状态——高阻状态，处于高阻状态时，电路与负载之间相当于开路。三态输出门按逻辑功能及控制方式分为不同类型。本实验所用 CMOS 三态门集成电路 74HC125 三态输出四总线缓冲器，其引脚图同 74LS125，见附录 A，功能表见表 2.2.1。

表 2.2.1　三态门功能表

输　入		输　出	
EN	A		Y
0	0	低阻态	0
	1		1
1	0	高阻态	
	1		

如图 2.2.5 是构成三态输出四总线缓冲器的三态门的逻辑框图和逻辑符号，它有一个控制端（又称禁止端或使能端）EN，$EN=0$ 为正常工作状态，实现 $Y=A$ 的逻辑功能；$EN=1$ 为禁止状态，输出 Y 呈现高阻状态。这种在控制端加低电平时电路才能正常工作的工作方式称为低电平使能。

三态门电路主要用途之一是实现总线传输，即用一个传输通道（称总线）以选通方式传送多路信息。如图 2.2.6 所示，电路中把若干个三态门电路输出端直接连接在一起构成三态门总线，使用时，要求只有需要传输信息的三态控制端处于使能态（$EN=0$），其余各门皆处于禁止状态

（$EN=1$）。由于三态门输出电路结构与普通门电路相同，显然，若同时有两个或两个以上三态门的控制端处于使能态，将出现与普通门"线与"运用时同样的问题，因而是绝对不允许的。

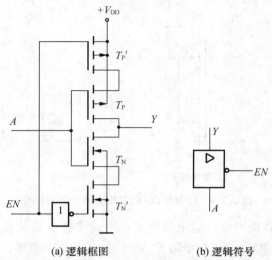

(a) 逻辑框图　　　　　　　　　(b) 逻辑符号

图 2.2.5　CMOS 三态门逻辑框图和逻辑符号

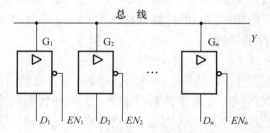

图 2.2.6　三态输出门实现总线传输

2.2.4　实验内容

1）OC 门

（1）OC 与非门负载电阻 R_L 的确定

选用 74LS03，测试如图 2.2.7 所示电路。其中，$R_W=2.2\ \mathrm{k\Omega}$，$R_P=200\ \Omega$。

① 测定 R_{Lmax}。OC 门 G_1、G_2 的四个输入端 A_1、B_1、A_2、B_2 均接地，则输出 Y 为高电平。调节电位器 R_W 的值使 $U_{OHmin}>2.4\ \mathrm{V}$，用万用表测出此时的 R_L 值即为 R_{Lmax}。

② 测定 R_{Lmin}。OC 门 G_1 输入端 A_1、B_1 接高电平，G_2 输入端 A_2、B_2 接低电平，则输出 Y 为低电平。调节电位器 R_W 的值使 $U_{OLmax}<0.4\ \mathrm{V}$，用万用表测出此时的 R_L 值即为 R_{Lmin}。

③ 调节 R_W，使 $R_{Lmin}<R_L<R_{Lmax}$，分别测出 Y 端的 U_{OH} 和 U_{OL} 值。

④ 将 R_{Lmax} 和 R_{Lmin} 的理论计算值与实测值进行比较并填入表 2.2.2 中。

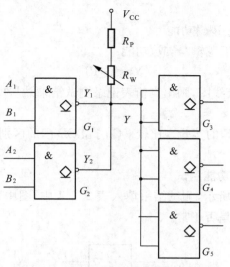

图 2.2.7　OC 门负载电阻测试电路

表 2.2.2　R_L 的测试结果

参　　数	理论值	实际值
R_{Lmax}		
R_{Lmin}		

（2）OC 与非门实现线与功能

选用 74LS03，列真值表验证图 2.2.2 所示电路的线与功能：

$$Y=Y_1 Y_2=\overline{A_1 B_1} \cdot \overline{A_2 B_2}=\overline{A_1 B_1+A_2 B_2}$$

（3）OC 门实现电平转换

用 OC 门完成 TTL 电路驱动 CMOS 电路的接口电路，实现电平转换，实现电路见图 2.2.8。

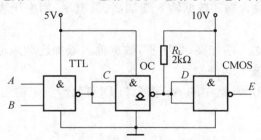

图 2.2.8　OC 门电路驱动 CMOS 门电路接口电路

① 在输入端 A、B 全为 1 时，用万用表测量 C、D、E 点的电压，再将 B 输入置为"0"，用示波器测量 C、D、E 点的电压，两次测得的结果填入表 2.2.3 中。

表 2.2.3　电平转换测试结果

输　　入		C(V)	D(V)	E(V)
A	B			
1	1			
1	0			

② 输入端 A 置为"1"，输入端 B 加 1 kHz 方波信号，用示波器观察 C、D、E 各点电压波

形幅值的变化。

（4）用 OC 与非门实现逻辑功能

选用 74LS03，实现以下逻辑"异或"功能：

$$Y = A \oplus B$$

自拟实现方案，画出接线图，画出真值表记录测试结果并与理论值进行比较。

2）CMOS OD 门

用 74HC03 重复 OC 门的实验。比较 OC 门和 OD 门的区别。

3）三态门

（1）74HC125 的逻辑功能测试

测试电路如图 2.2.9 所示，测试结果填入表 2.2.4 中，图中 S_1、S_2 为逻辑开关，根据测试结果判断该三态门功能是否正常。

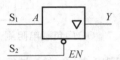

图 2.2.9　三态门功能测试电路

表 2.2.4　三态门功能测试结果

输　　入		输　　出	
A	EN	电压（V）	Y（逻辑电平）
1	0		
0	0		
x	1		

① 静态验证：控制输入端和数据输入端加高、低电平，用电压表测量输出高电平、低电平的电压值。

② 动态验证：控制输入端加高、低电平，数据输入端加连续矩形脉冲，用示波器分别观察数据输入波形和输出波形。

动态验证时，分别用示波器中的 AC 耦合与 DC 耦合，测定输出波形的幅值 U_{P-P} 及高、低电平值。

（2）单向总线传输

如图 2.2.10 所示，用 74HC125 三态门组成四路数字信息传输通道，其中 D_1、D_2、D_3、D_4 为不同脉宽的连续脉冲信号。先使 EN_1、EN_2、EN_3、EN_4 皆为 1，记录 A_1、A_2、A_3、A_4 及 Y 的波形。然后，轮流使 EN_1、EN_2、EN_3、EN_4 中的 1 个为 0，其余三个为高电平（绝不允许它们中有两个以上同时为 0），记录 A_1、A_2、A_3、A_4 及 Y 的波形并分析结果。

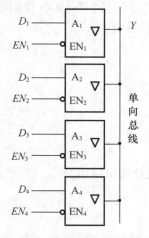

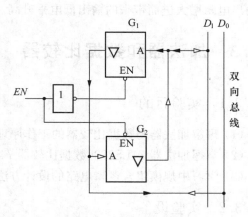

图 2.2.10　单向总线传输电路　　　　图 2.2.11 双向总线传输电路

（3）双向总线传输

如图 2.2.11 所示，分别设置三态门的输入端信号 D_0 和 D_1，改变使能端的状态，测试总线输出状态。

提示：当 $EN=1$ 时 G_1 使能，数据流向为 $D_1 \rightarrow D_0$，测试方法为：在 D_1 端加连续方波，用示波器在 D_0 端观察输出；当 $EN=0$ 时 G_2 使能，数据流向为 $D_0 \rightarrow D_1$，测试方法为：在 D_0 端加连续方波，用示波器在 D_1 端观察输出。

2.2.5　实验报告

（1）详细描述实验过程，整理并分析实验数据。

（2）分析实验过程中遇到的问题，描述解决问题的思路和办法。

2.2.6　思考题

（1）如何用万用表或示波器来判断三态门是否处于高阻态？高阻态在硬件设计中的实际意义是什么？

（2）OC/OD 门负载电阻过大或过小对电路会产生什么影响？如何选择负载电阻？

（3）总线传输时是否可以同时接有 OC 门和三态门？

（4）三态逻辑门输出端是否可以并联？并联时其中一路处于工作状态，其余输出端应为何种状态？

（5）高电平有效和低电平有效的含义是什么？

（6）上拉电阻和下拉电阻的含义是什么？在实际电路中的作用是什么？

（7）在计算机中，CPU 的数据线和地址线上一般都同时连接多个外设，它们共用地址线和数据线，且数据线上数据可以双向传输，请结合 OC/OD 门和三态门知识考虑一下，原理上是如何实现的？

（8）无缓冲 CMOS 门电路有许多缺陷，所以 CMOS 门电路常常采用非门缓冲或隔离，用来防止输入信号对电路参数的影响，或者防止多变量相"或"，多个 NMOS 管并联造成的输出电阻减小进而带来的输出高电平降低,或者多变量相"与",多个 NMOS 管相串联造成的输出电阻增大进而带来的输出低电平升高。如何理解这句话?

2.3　加法器和数据比较器

2.3.1　实验目的

(1) 理解加法器与数据比较器的工作原理。
(2) 掌握加法器 74LS283、数据比较器 74LS85 的功能及简单应用。
(3) 学习中规模组合逻辑电路的设计方法。

2.3.2　实验设备

万用表 1 块;
直流稳压电源 1 台;
低频信号发生器 1 台;
示波器 1 台;
数字系统综合实验箱 1 台;
集成电路 74LS00、74LS08、74LS86、74LS283、74LS85 等各 1 片。

2.3.3　实验原理

1) 加法器

加法器是一种将两个逻辑值相加的组合逻辑电路。加法器可以改造成减法器、乘法器、除法器及其他一些计算机处理器的算术逻辑运算单元(ALU)所需的功能器件。

最基本的加法器是半加器。半加器是指没有低位送来的进位信号,只有本位相加的和及进位。这些概念看起来很简单,但理解这些概念对于今后设计电路是很有帮助的。实现半加器的真值表见表 2.3.1。

表 2.3.1　半加器真值表

输　入		输　出	
A	B	S(本位和)	C(进位)
0	0	0	0
0	1	1	0
1	0	1	0
1	1	0	1

实现半加器的电路如图 2.3.1 所示。
实现半加器的逻辑表达式如下:

$$C = AB$$
$$S = A \oplus B$$

半加器电路比较简单,只用了 1 个与门和 1 个异或门,在此基础上可以进一步实现全加器。当进行不止 1 位的加法时,必须考虑低位的进位,通常以 C_i 表示,此时电路实现了全加器的功能。在电路结构上由 2 个半加器和 1 个异或门实现,如图 2.3.2(a)所示。2.3.2(b)为全加器惯用符号。

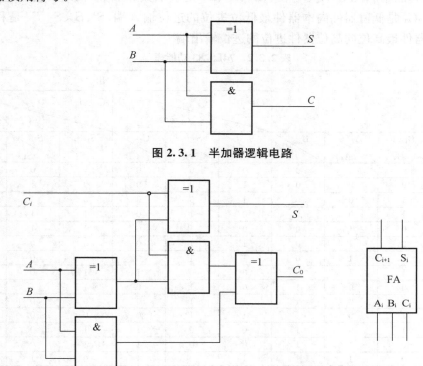

图 2.3.1 半加器逻辑电路

(a) 逻辑电路　　　　　　(b) 惯用符号

图 2.3.2 全加器

将 n 个 1 位全加法器级联,可以实现 2 个 n 位二进制数的串行进位加法电路。如图 2.3.3 所示是由 4 个 1 位全加器级联构成的 4 位二进制串行加法器。由于进位逐级传递的缘故,串行加法器时延较大,工作速度较慢。

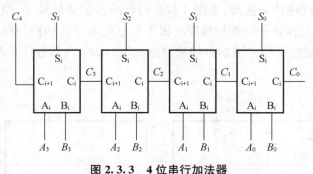

图 2.3.3 4 位串行加法器

2) 4 位加法器 74LS283

(1) 4 位加法器 74LS283 的功能

74LS283 为 4 位二进制中规模集成电路(MSI)加法器,是一种具有先行进位功能的并行加法器,输入、输出之间最大时延仅为 4 级门时延,工作速度较快。

74LS283 功能是完成并行 4 位二进制数的相加运算,其引脚图见附录 A,功能表见表 2.3.2。引脚图中 A_4、A_3、A_2、A_1、B_4、B_3、B_2、B_1 是被加数和加数(两组 4 位二进制数)的数据输入端,C_0 是低位器件向本器件最低位进位的进位输入端,S_4、S_3、S_2、S_1 是和数输出端,C_4 是本器件最高位向高位器件进位的进位输出端。

表 2.3.2　74LS283 功能表

输入				输出					
				$C_0=0$			$C_0=1$		
					$C_2=0$			$C_2=1$	
A_1 / A_3	B_1 / B_3	A_2 / A_4	B_2 / B_4	S_1 / S_3	S_2 / S_4	C_2 / C_4	S_1 / S_3	S_2 / S_4	C_2 / C_4
0	0	0	0	0	0	0	1	0	0
1	0	0	0	1	0	0	0	1	0
0	1	0	0	1	0	0	0	1	0
1	1	0	0	0	1	0	1	1	0
0	0	1	0	0	1	0	1	1	0
1	0	1	0	1	1	0	0	0	1
0	1	1	0	1	1	0	0	0	1
1	1	1	0	0	0	1	1	1	0
0	0	0	1	0	1	0	1	1	0
1	0	0	1	1	1	0	0	0	1
0	1	0	1	1	1	0	0	0	1
1	1	0	1	0	0	1	1	0	1
0	0	1	1	0	0	1	1	0	1
1	0	1	1	1	0	1	0	1	1
0	1	1	1	1	0	1	0	1	1
1	1	1	1	0	1	1	1	1	1

(2) 4 位加法器 74LS283 的应用

① 用 n 片 4 位加法器可以方便地扩展成 $4n$ 位加法器。其扩展方法有以下三种:

a. 全串行进位加法器:采用 4 位串行进位组件单元,组件之间采用串行进位方式。

b. 全并行进位加法器:采用 4 位并行进位组件单元,组件之间采用并行进位方式。

c. 并串(串并)行进位加法器:采用 4 位并行(串行)加法器单元,组件之间采用串(并)行进位方式,其优点是保证一定操作速度前提下尽量使电路的结构简单。如图 2.3.4 所示是两个 74LS283 构成的 7 位二进制数加法电路。74LS283 内部进位是并行进位,而级联采用的是串行进位。

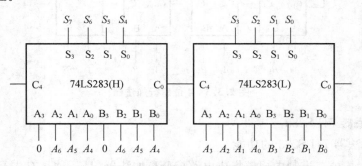

图 2.3.4　74LS283 级联构成 7 位二进制数加法器

② 构成减法器、乘法器、除法器等。

③ 进行码组变换。如图 2.3.5 所示是用 74LS283 实现的 1 位余 3 码到 1 位 8421 BCD 码转换的电路。其基本原理是:对于同一个十进制数符,余 3 码比 8421 BCD 码多 3,因此从余 3 码中减 3(即 0011),也就是只要将余 3 码和 3 的补码 1101 相加,即可将余 3 码转换成 8421 BCD 码。

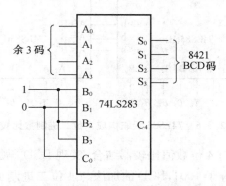

图 2.3.5　用 74LS283 实现 1 位余 3 码到 8421 BCD 码的转换

3) 数据比较器

数据比较器有两类:一类是"等值"比较器,它只检验两个数是否相等;另一类是"量值"比较器,它不但检验两个数是否相等,还要检验这两个数中哪个数大。按数的传输方式分为串行比较器和并行比较器。数据比较器可用于接口电路。

4) 4 位二进制数并行比较器 74LS85

(1) 4 位二进制并行比较器 74LS85 的功能

74LS85 是采用并行比较结构的 4 位二进制数量值比较器。单片 74LS85 可以对两个 4 位二进制数进行比较,其引脚图见附录 A,功能表见表 2.3.3。

表 2.3.3　74LS85 功能表

比 较 输 入				级 联 输 入			输 出		
$A_3 B_3$	$A_2 B_2$	$A_1 B_1$	$A_0 B_0$	$a>b$	$a=b$	$a<b$	$A>B$	$A=B$	$A<B$
$A_3>B_3$	×	×	×	×	×	×	1	0	0
$A_3<B_3$	×	×	×	×	×	×	0	0	1
$A_3=B_3$	$A_2>B_2$	×	×	×	×	×	1	0	0
$A_3=B_3$	$A_2<B_2$	×	×	×	×	×	0	0	1
$A_3=B_3$	$A_2=B_2$	$A_1>B_1$	×	×	×	×	1	0	0
$A_3=B_3$	$A_2=B_2$	$A_1<B_1$	×	×	×	×	0	0	1
$A_3=B_3$	$A_2=B_2$	$A_1=B_1$	$A_0>B_0$	×	×	×	1	0	0
$A_3=B_3$	$A_2=B_2$	$A_1=B_1$	$A_0<B_0$	×	×	×	0	0	1
$A_3=B_3$	$A_2=B_2$	$A_1=B_1$	$A_0=B_0$	1	0	0	1	0	0
$A_3=B_3$	$A_2=B_2$	$A_1=B_1$	$A_0=B_0$	0	1	0	0	1	0
$A_3=B_3$	$A_2=B_2$	$A_1=B_1$	$A_0=B_0$	0	0	1	0	0	1

(2) 4 位二进制数并行比较器 74LS85 的应用

① 用 n 片 4 位比较器可以方便地扩展成 $4n$ 位比较器。74LS85 的三个级联输入端用

于连接低位芯片的三个比较器输出端,可实现比较位数的扩展。图 2.3.6 是用两片 74LS85 级联实现的两个 7 位二进制数比较器。注意,74LS85(H)的 A_3 和 B_3 要都置 0 或 1,74LS85(L)的级联输入端 $a=b$ 置 1,而 $a>b$ 和 $a<b$ 置 0,以确保当两个 7 位二进制数相等时,比较结果由 74LS85(L)的级联输入信号决定,输出 $A=B$ 的结果。

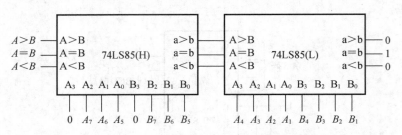

图 2.3.6　74LS85 级联构成 7 位二进制数比较器

② 4 位二进制全加器与 4 位数值比较器结合,实现 BCD 码加法运算。在进行运算时,若两个相加数的和小于或等于 1001,BCD 的加法与 4 位二进制加法结果相同;但若两个相加数的和大于或等于 1010 时,由 4 位二进制码是逢十六进一,而 BCD 码是逢十进一,它们的进位数相差 6,因此,BCD 加法运算电路必须进行校正,应在电路中插入一个校正网络,使电路在和数小于或等于 1001 时,校正网络不起作用(或加一个数 0000),在和数大于或等于 1010 时,校正网络使此和数加上 0110,从而达到实现 BCD 码的加法运算的目的。

2.3.4　实验内容

(1) 验证 74LS283、74LS85 的逻辑功能。

(2) 用 74LS283 设计 1 位 8421 BCD 码加法器。

(3) 设计 1 位可控全加/全减器。(提示:电路输入端应为四个,除了本位加数、被加数和进位输入外,还有一位控制输入端 S,当 $S=0$ 时,电路实现全加器的功能,当 $S=1$ 时,电路实现全减器的功能)

(4) 设计一个 8 位二进制数加法器。

(5) 试用 74LS283 辅以适当门电路构成 4×4 乘法器,其中 $A=a_3a_2a_1a_0$,$B=b_3b_2b_1b_0$。

(6) 试用 74LS85 再辅以适当门电路构成字符分选电路。当输入为字符 A、B、C、D、E、F、G 的 7 位 ASCII 码时,分选电路输出 $Z=0$,反之输出 $Z=1$。

(7) 试用 4 位二进制数加法器 74LS283 和 4 位二进制数比较器 74LS85 构成一个 4 位二进制数到 8421 BCD 码的转换电路。

2.3.5　实验报告

(1) 详细描述实验内容中每个题目的设计过程,整理并分析实验数据。

(2) 分析实验过程中遇到的问题,描述解决问题的思路和办法。

2.3.6　思考题

(1) 什么是半加器? 什么是全加器?

（2）用全加器 74LS283 组成 4 位二进制码转换为 8421 BCD 码的代码转换器中,进位输出 C 什么时候为"1"? C_0 端该如何处理?

（3）设计多位二进制数加法器有哪些方法?

（4）二进制加法运算与逻辑加法运算的含义有何不同?

（5）如何用基本门电路实现两个 1 位二进制数比较器?（逻辑状态表如表 2.3.4 所示）

表 2.3.4　二进制数字比较器逻辑状态表

输　入		输　　出		
A	B	$Y_1(A>B)$	$Y_2(A=B)$	$Y_3(A<B)$
0	0	0	1	0
0	1	0	0	1
1	0	1	0	0
1	1	0	1	0

2.4　译码器和编码器

2.4.1　实验目的

（1）理解编码器与译码器的工作原理。

（2）掌握编码器 74LS148、译码器 74LS138 与显示译码/驱动器 74LS48 的功能及简单应用。

（3）学习中规模组合逻辑电路的设计方法。

2.4.2　实验设备

万用表 1 块;

直流稳压电源 1 台;

低频信号发生器 1 台;

示波器 1 台;

数字系统综合实验箱 1 台;

集成电路 74LS138、74LS148、74LS48 等各 1 片。

2.4.3　实验原理

1）编码器 74LS148

用一组符号按一定规则表示给定字母、数字、符号等信息的方法称为编码。对于每一个有效的输入信号,编码器产生一组唯一的二进制代码输出。

一般的编码器由于不允许多个输入信号同时有效,所以并不实用。优先编码器对全部编码输入信号规定了各不相同的优先级,当多个输入信号同时有效时,只对优先级最高的有效输入信号进行编码。

74LS148 是一种典型的 8 线—3 线二进制优先编码器,其引脚图见附录 A,功能表见表 2.4.1。

表 2.4.1　74LS148 功能表

输 入									输 出				
ST	I_7	I_6	I_5	I_4	I_3	I_2	I_1	I_0	Y_2	Y_1	Y_0	Y_{ex}	Y_s
1	×	×	×	×	×	×	×	×	1	1	1	1	1
0	1	1	1	1	1	1	1	1	1	1	1	1	0
0	0	×	×	×	×	×	×	×	0	0	0	0	1
0	1	0	×	×	×	×	×	×	0	0	1	0	1
0	1	1	0	×	×	×	×	×	0	1	0	0	1
0	1	1	1	0	×	×	×	×	0	1	1	0	1
0	1	1	1	1	0	×	×	×	1	0	0	0	1
0	1	1	1	1	1	0	×	×	1	0	1	0	1
0	1	1	1	1	1	1	0	×	1	1	0	0	1
0	1	1	1	1	1	1	1	0	1	1	1	0	1

从真值表可以看出,编码输入信号 $I_7 \sim I_0$ 均为低电平有效(0),且 I_7 的优先权最高,I_6 的优先权次之,I_0 的优先权最低。编码输出信号 Y_2、Y_1 和 Y_0 则为二进制反码输出。选通输入端(使能输入端)ST、使能输出端 Y_s 以及扩展输出端 Y_{ex} 是为了便于使用而设置的三个控制端。

当 ST＝1 时编码器不工作,ST＝0 时编码器工作。

如无有效编码输入信号需要编码,使能输出端 Y_{ex}、Y_s 为 1、0,表示输出无效,如有有效编码输入信号需要编码,则按输入的优先级别对优先权最高的一个有效信号进行编码,且 Y_{ex}、Y_s 为 0、1。可见,Y_{ex}、Y_s 输出值指明了 74LS148 的工作状态,$Y_{ex}Y_s＝11$ 说明编码器不工作,$Y_{ex}Y_s＝10$ 表示编码器工作,但没有有效的编码输入信号需要编码;$Y_{ex}Y_s＝01$ 说明编码器工作,且对优先权最高的编码输入信号进行编码。

2)编码器的应用

编码是译码的逆过程,优先编码器在数字系统中常用做计算机的优先中断电路和键盘编码电路。图 2.4.1 为优先编码器在优先中断电路中的应用示意图。

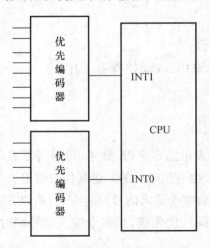

图 2.4.1　优先编码器应用示意图

一般说来,在实际的计算机系统中,中断源的数目都大于 CPU 中断输入线的数目,所以一般采用多线多级中断技术,如图 2.4.1 所示。CPU 仅有两根中断输入线,但是通过使用优先编码器对其进行扩展,现在可以处理 16 个中断源,CPU 接到中断请求信号后通过某种机制判断所处理的是哪个中断源的中断。

3) 显示译码/驱动器 74LS48

译码器是一种多输出逻辑电路。译码器分为变量译码器和显示译码器两类。译码器的功能为把给定的二进制数码译成十进制数码、其他形式的代码或控制电平,可用于数字显示、代码转换、数据分配、存储器寻址和组合控制信号等方面。

74LS48 是一种能配合共阴极七段发光二极管(LED)工作的七段显示译码驱动器,其引脚图见附录 A,功能表见表 2.4.2。

表 2.4.2 74LS48 功能表

功能	输入						入/出	输出							显示字形
	LT	RBI	D	C	B	A	BI/RBO	a	b	c	d	e	f	g	
0	1	1	0	0	0	0	1	1	1	1	1	1	1	0	0
1	1	×	0	0	0	1	1	0	1	1	0	0	0	0	1
2	1	×	0	0	1	0	1	1	1	0	1	1	0	1	2
3	1	×	0	0	1	1	1	1	1	1	1	0	0	1	3
4	1	×	0	1	0	0	1	0	1	1	0	0	1	1	4
5	1	×	0	1	0	1	1	1	0	1	1	0	1	1	5
6	1	×	0	1	1	0	1	0	0	1	1	1	1	1	6
7	1	×	0	1	1	1	1	1	1	1	0	0	0	0	7
8	1	×	1	0	0	0	1	1	1	1	1	1	1	1	8
9	1	×	1	0	0	1	1	1	1	1	0	0	1	1	9
10	1	×	1	0	1	0	1	0	0	0	1	1	0	1	
11	1	×	1	0	1	1	1	0	0	1	1	0	0	1	
12	1	×	1	1	0	0	1	0	1	0	0	0	1	1	
13	1	×	1	1	0	1	1	1	0	0	1	0	1	1	
14	1	×	1	1	1	0	1	0	0	0	1	1	1	1	
15	1	×	1	1	1	1	1	0	0	0	0	0	0	0	(灭)
灭灯	×	×	×	×	×	×	0	0	0	0	0	0	0	0	(灭)
灭0	1	0	0	0	0	0	0	0	0	0	0	0	0	0	(灭)
试灯	0	×	×	×	×	×	1	1	1	1	1	1	1	1	8

图 2.4.2(a)是一个七段 LED 数码管的示意图。引线 a、b、c、d、e、f、g 分别与相应的发光二极管的阳极相连,它们的阴极连在一起并接地,如图 2.4.2(b)所示为共阴数码管。图 2.4.3 为显示译码器与共阴数码管的连接示意图,图中各电阻为上拉限流电阻,对 74LS48 来说是必须的。有的显示译码器内部已经集成了上拉电阻,这时,译码器可直接连接数码管,而不必再通过上拉电阻连到电源。

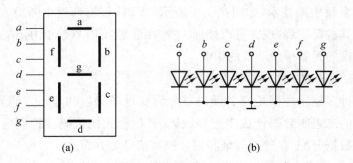

图 2.4.2　共阴数码管

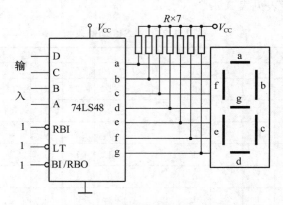

图 2.4.3　显示译码器连接共阴数码管示意图

4）译码器 74LS138

74LS138 是一个 3 线—8 线通用变量译码器,属于 n 线—2^n 线译码器的范畴,其引脚图见附录 A,功能表见表 2.4.3。其中,C、B、A 是地址输入端,$Y_0 \sim Y_7$ 是译码输出端,G_1、G_{2A}、G_{2B} 为使能端,其中 G_1 为高电平有效,G_{2A}、G_{2B} 为低电平有效,所以,当 $G_1=1$,$G_{2A}+G_{2B}=0$,器件使能。

表 2.4.3　74138 功能表

使能输入			逻辑输入			输　出							
G_1	G_{2A}	G_{2B}	C	B	A	Y_0	Y_1	Y_2	Y_3	Y_4	Y_5	Y_6	Y_7
×	1	×	×	×	×	1	1	1	1	1	1	1	1
×	×	1	×	×	×	1	1	1	1	1	1	1	1
0	×	×	×	×	×	1	1	1	1	1	1	1	1
1	0	0	0	0	0	0	1	1	1	1	1	1	1
1	0	0	0	0	1	1	0	1	1	1	1	1	1
1	0	0	0	1	0	1	1	0	1	1	1	1	1
1	0	0	0	1	1	1	1	1	0	1	1	1	1
1	0	0	1	0	0	1	1	1	1	0	1	1	1
1	0	0	1	0	1	1	1	1	1	1	0	1	1
1	0	0	1	1	0	1	1	1	1	1	1	0	1
1	0	0	1	1	1	1	1	1	1	1	1	1	0

5）变量译码器的应用

（1）变量（地址）译码

变量译码器在计算机系统中可用做地址译码器。计算机系统中寄存器、存储器、键盘等都通过地址总线、数据总线、控制总线与 CPU 相连,如图 2.4.4 所示。当 CPU 需要与某一器件或设备传送数据时,总是首先将该器件(或设备)的地址码送往地址总线,高位地址经译码器译码后产生片选信号选中需要的器件(或设备),然后才在 CPU 和选中的器件(或设备)之间传送数据。未被选中器件(或设备)的接口处于高阻状态,不会与 CPU 传送数据。存储器内部的单元寻址是由片内的地址译码器对剩余的低位地址译码完成的。

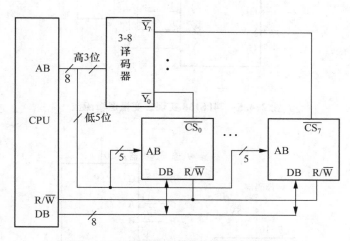

图 2.4.4　译码器在计算机系统中的应用

(2) 实现分配器

实现分配器的一种方法是将变量译码器其中的一个使能端用做数据输入端,串行输入数据信号,而 C、B、A 按二进制码变化,就可将串行输入的数据信号送至相应的输出端。数据分配器的使用将在第 2.5 节实验内容中专门介绍。

(3) 与三态门结合实现数据选择器

变量译码器可以与三态门结合实现数据选择器。

(4) 实现组合逻辑函数

译码器的每一路输出是地址码的一个最小项的反变量,利用其中一部分输出的与非关系,也就是它们相应最小项的或逻辑表达式,可以实现组合逻辑函数。例如:

$$Y = AB + BC + AC$$
$$F(C、B、A) = \sum m(3,5,6,7)$$

可用译码器及与非门实现,如图 2.4.5 所示。

(5) 实现并行数据比较器

如果把一个译码器和多路选择器串联起来,就可以构成并行数据比较器。例如:用一个 3 线—8 线译码器和一个八选一数据选择器可组成一个 3 位二进制数并行比较器,如图 2.4.6 所示。若两组 3 位二进制数相等,即 $ABC = B_0B_1B_2$,译码器的"0"输出被数据选择器选出,$Y = 0$;若不等,则 $Y = 1$。

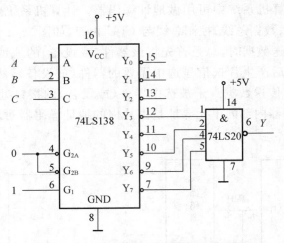

图 2.4.5　74LS138 实现三变量逻辑函数

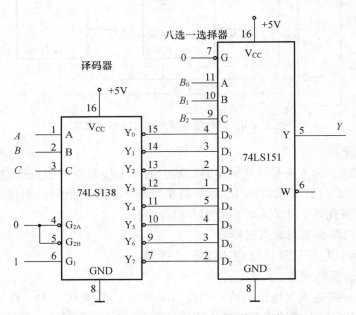

图 2.4.6　用译码器和数据选择器构成比较器

2.4.4　实验内容

（1）验证 74LS148、74LS138 的逻辑功能。

（2）用两片 8 线—3 线优先编码器 74LS148 和少量的门电路实现八中断排序器。请问 CPU 如何判断正在处理的是哪一路中断？

（3）用 74LS138 实现 1 位全加器。

（4）用 74LS138 和与非门实现下列函数：$Y = AB + \overline{A}BC + A\overline{B}\overline{C}$。

（5）将 3 线—8 线译码器扩展为 4 线—16 线译码器。如果把此 4 线—16 线译码器用做 4 位地址译码器，最多可以挂多少外设或器件？

(6) 试设计一个用 74LS138 译码器检测信号灯工作状态的电路。信号灯有红(A)、黄(B)、绿(C)三种,正常工作时,只能是红,或绿,或红黄,或绿黄灯亮,其他情况视为故障,电路报警,报警输出为 1。

(7) 用 74LS48 实现图 2.4.3 所示的显示译码电路。

(8) 设计一个能驱动七段 LED 的译码电路,输入变量 A、B、C 来自计数器,按顺序 000 ~111 计数。当 $ABC=000$ 时,全灭,以后要求依次显示 H、O、P、E、F、U、L 这 7 个字母。采用共阴极数码管。

(9) 有 8 个储物柜,每个储物柜中分别有 32 个小储物箱。试设计一个 8 位地址译码电路,控制储物柜和其中储物箱的开启(低电平开启,手动关闭),要求分两级实现。先对高 3 位地址进行译码,产生开锁信号 $CS_i(i=0,\cdots,7)$,控制储物柜的开启,储物柜开启后再对低 5 位地址进行译码产生开锁信号 $CS_j(j=0,\cdots,31)$,控制储物箱的开启。

2.4.5 实验报告

(1) 详细描述实验内容中每个题目的设计过程,整理并分析实验数据。

(2) 分析实验过程中遇到的问题,总结实验的收获和体会。

2.4.6 思考题

(1) 考虑如何用编码器实现三纵四横(0~9,＊,♯)键盘的编码输出?

(2) 编码器、变量译码器和显示译码器在计算机、通信系统中分别有什么用途?

2.5 数据选择器和分配器

2.5.1 实验目的

(1) 理解数据选择器与分配器的工作原理。

(2) 掌握数据选择器和分配器的功能及简单应用。

(3) 学习中规模组合逻辑电路的设计方法。

2.5.2 实验设备

万用表 1 块;

直流稳压电源 1 台;

低频信号发生器 1 台;

示波器 1 台;

数字系统综合实验箱 1 台;

集成电路 74LS138、74LS153 等各 1 片。

2.5.3 实验原理

1) 数据选择器

数据选择器又称多路调制器、多路开关,它有多个输入、一个输出,在控制端的作用下可从多路并行数据中选择一路数据作为输出。数据选择器可以用函数式表示为：

$$Y=\sum_{i=0}^{n-1}\overline{G}m_iD_i$$

式中：G 为使能端逻辑值；m_i 为地址最小项；D_i 为数据输入。

74LS153 是一个双四选一数据选择器，其引脚图见附录 A，功能表见表 2.5.1。

表 2.5.1　74LS153 功能表

选择输入		数 据 输 入					输 出
B	A	D_0	D_1	D_2	D_3	G	Y
×	×	×	×	×	×	1	0
0	0	0	×	×	×	0	0
0	0	1	×	×	×	0	1
0	1	×	0	×	×	0	0
0	1	×	1	×	×	0	1
1	0	×	×	0	×	0	0
1	0	×	×	1	×	0	1
1	1	×	×	×	0	0	0
1	1	×	×	×	1	0	1

74LS153 中每个四选一数据选择器都有一个选通输入端 G，输入低电平有效。应当注意：选择输入端 B、A 为两个数据选择器所共用。从功能表可以看出，数据输出 Y 的逻辑表达式为：

$$Y=\overline{G}[D_0(\overline{B}\,\overline{A})+D_1(\overline{B}A)+D_2(B\overline{A})+D_3(BA)]$$

即当选通输入 $G=0$ 时，若选择输入 B、A 分别为 00、01、10、11，则相应的把 D_0、D_1、D_2、D_3 送到数据输出端 Y；当 $G=1$ 时，Y 恒为 0。

2）数据选择器的应用

（1）数据选择器是一种通用性很强的器件，其功能可扩展，当需要输入通道数目较多的多路器时，可采用多级结构或灵活运用选通端功能的方法来扩展输入通道数目。

（2）应用数据选择器可以方便而有效地设计组合逻辑电路，与用小规模电路来设计逻辑电路相比，前者可靠性好，成本低。

（3）实现逻辑函数。用一个四选一数据选择器可以实现任意三变量的逻辑函数；用一个八选一数据选择器可以实现任意四变量的逻辑函数。当变量数目较多时，设计方法是合理地选用地址变量，通过对函数的运算，确定各数据输入端的输入方程，也可以用多级数据选择器来实现。例如：用四选一多路数据选择器实现三变量函数：

$$Y=AB+BC+AC$$

将表达式整理得：

$$Y=\overline{B}\overline{A}\cdot 0+\overline{B}AC+B\overline{A}C+AB\cdot 1$$

对应于四选一的逻辑表达式，显然：$1D_0=0$，$1D_1=1D_2=C$，$1D_3=1$，用 74LS153 实现电路如图 2.5.1所示。

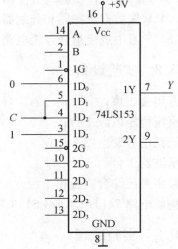

图 2.5.1　74LS153 实现三变量逻辑函数

（4）利用数据选择器可以将并行码变为串行码，方法是将并行码送入数据选择器的输入端，并使其选择控制端按一定编码顺序变化，就可以在输出端得到相应的串行码输出。

3）分配器

数据分配器又称分路器、多路解调器，是一种实现与选择器相反过程的器件，其逻辑功能是将一个输入通道上的信号送至多个输出端中的一个，相当于一个单刀多掷开关。4 路数据分配器的功能表见表 2.5.2。

表 2.5.2　4 路数据分配器功能表

输　入			输　出			
数据	地址选择		Y_0	Y_1	Y_2	Y_3
D	A_1	A_0				
	0	0	D	0	0	0
D	0	1	0	D	0	0
	1	0	0	0	D	0
	1	1	0	0	0	D

可见，数据分配器与译码器非常相似，将译码器进行适当连接，就可实现数据分配器功能。因此，市场上只有译码器而没有数据分配器产品，当需要数据分配器时，就用译码器改接即可，方法之一是将译码器的高位译码输入端用做数据输入端，串行输入数据信号，而剩余译码输入端按二进制码变化，就可将串行输入的数据信号分别送至相应的输出端。

用 74LS138 变量译码器实现 4 路数据分配器的电路连接如图 2.5.2 所示。译码器一直处于工作状态（也可受使能信号控制），数据输入 D 接译码器的译码输入端的最高位 C，地址选择码 A_1、A_0 接译码器的译码输入端的低 2 位 B、A。数据分配器的输入端可以根据数据分配器的定义从表 2.5.3 中确定。例如，当 $A_1 A_0 = 10$ 时，4 路数据分配器中 $D_2 = D$。观察表 2.5.3 可知，$A_1 A_0 = 10$ 时，Y_2 与 D 一致，Y_6 与 D 相反，因此 $Y_2 = D_2$，$Y_6 = \overline{D_2}$。

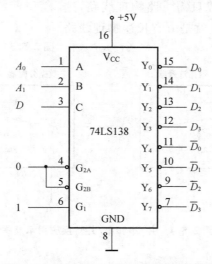

图 2.5.2　74LS138 实现 4 路数据分配器

表 2.5.3　74138 实现 4 路数据分配器的功能表

| 数据输入 | 地址输入 | | 数据输出(反) | | | | 数据输出 | | | |
C (D)	B (A_1)	A (A_0)	Y_7 $\overline{D_3}$	Y_6 $\overline{D_2}$	Y_5 $\overline{D_1}$	Y_4 $\overline{D_0}$	Y_3 D_3	Y_2 D_2	Y_1 D_1	Y_0 D_0
0	0	0	1	1	1	1	1	1	1	0
0	0	1	1	1	1	1	1	1	0	1
0	1	0	1	1	1	1	1	0	1	1
0	1	1	1	1	1	1	0	1	1	1
1	0	0	1	1	1	0	1	1	1	1
1	0	1	1	1	0	1	1	1	1	1
1	1	0	1	0	1	1	1	1	1	1
1	1	1	0	1	1	1	1	1	1	1

74LS138 有 8 个译码输出端,也可以用一片 74LS138 实现 8 路数据输出分配器,方法是将其中一个使能端用做数据输入端,串行输入数据信号,而 C、B、A 按二进制码变化,就可将串行输入的数据信号分别送至相应的输出端。其电路如图 2.5.3 所示。

分配器的一个用途是实现数据传输过程中的串/并转换,将串行码变为并行码。图 2.5.4 为利用数据选择器构成的并/串转换和利用分配器构成的串/并转换结合在一起使用的应用示意图。当地址选择输入 $A_1 A_0$ 按 00→01→10→11 的顺序快速变化时,$Y→D$ 之间的物理传输线上数据排列应依次为 D_3、D_2、D_1、D_0,而 $A_1 A_0$ 在 T(T 为 Y 到 D 的传输时延)之后也按 00→01→10→11 的顺序变化,即可把 D_0、D_1、D_2、D_3 依次分配给 Y_0、Y_1、Y_2、Y_3,从而实现并/串和串/并转换。可见,原来需要 4 路物理传输线路的 4 路数据传输变成只需 1 路物理线路,这在长距离多路传输时的意义就是节省长途物理线路资源。

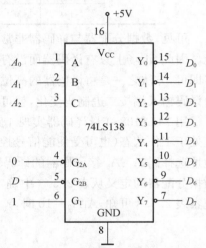

图 2.5.3　74LS138 实现 8 路数据分配器

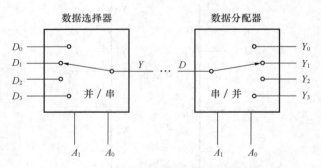

图 2.5.4　并/串和串/并转换应用示意图

4) 组合逻辑电路的设计

组合逻辑电路的设计就是根据逻辑功能的要求及器件资源情况,设计出实现该功能的最佳电路。设计时可以采用小规模集成门电路(SSI)实现,也可以采用中规模集成电路(MSI)或存储器、可编程逻辑器件(PLD)实现。在此只讨论采用 SSI 及 MSI 构成组合逻辑电路的设计方法,采用存储器和 PLD 构成组合逻辑电路的设计方法将在本书后面的章节专门介绍。

(1) 采用 SSI 的组合逻辑电路设计

采用 SSI 设计组合逻辑电路的一般步骤如图 2.5.5 所示。

首先将逻辑功能要求抽象成真值表的形式,由真值表可以很方便地写出逻辑函数表达式。

在采用 SSI 时,通常将函数化简成最简与-或表达式,使其包含的乘积项最少,且每个乘积项所包含的因子数也最少。最后根据所采用的器件的类型进行适当的函数表达式变换,如变成与非-与非表达式、或非-或非表达式等。

有时由于输入变量的条件(如只有原变量输入,没有反变量输入)、采用器件的条件(如在一块集成器件中包含多个基本门)等因素,采用最简与或式实现电路,不一定是最佳电路。

(2) 采用 MSI 实现组合逻辑函数

MSI 的大量出现使许多逻辑设计问题可以直接选用相应的器件实现,这样既省去了繁琐的设计,同时也避免了设计中的一些错误,简化了设计过程。MSI 大多是专用功能器件,用

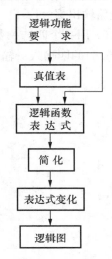

图 2.5.5 采用 SSI 进行组合逻辑电路设计的步骤

这些功能器件实现组合逻辑函数,基本上只要采用逻辑函数对比的方法即可。因为每一种组合电路的 MSI 都具有确定的逻辑功能,都可以写出其输出和输入关系的逻辑函数表达式。因此,可以将要实现的逻辑函数表达式进行变换,尽可能变换成与某些 MSI 的逻辑函数表达式类似的形式,这时可能有以下三种情况:

① 需要实现的逻辑表达式与某种 MSI 的逻辑函数表达式相同,这时直接选用此器件实现即可。

② 需要实现的逻辑函数是某种 MSI 的逻辑函数的一部分,例如变量数少,这时只需对 MSI 的多余输入端作适当的处理(固定为 1 或固定为 0),即可实现需要的组合逻辑函数。

③ 需要实现的逻辑函数比 MSI 的输入变量多,这时可通过扩展的方法实现。

一般说来,采用 MSI 实现组合逻辑函数时,有以下几种情况:

① 使用数据选择器实现单输出函数;

② 使用译码器和附加逻辑门实现多输出函数;

③ 对一些具有某些特点的逻辑函数,如逻辑函数输出为输入信号相加,则采用全加器实现;

④ 对于复杂的逻辑函数的实现,可能需要综合上面三种方法来实现。

2.5.4 实验内容

(1) 验证 74LS153 的逻辑功能。

(2) 用两个四选一数据选择器构成 1 个八选一数据选择器。

(3) 分别用四选一数据选择器和与非门实现下列函数:

$$F(A,B,C) = \sum m(1,3,4,6,7)$$

$$F(A,B,C,D,E) = \sum m(0 \sim 4,8,9,11 \sim 14,18 \sim 21,25,26,29 \sim 31)$$

(4) 用数据选择器设计 2 位全加器。

(5) 用 74LS153 实现 4 位二进制码 A 的奇偶校验电路,当 $A=a_3a_2a_1a_0$ 含有奇数个 1 时,电路输出 $Z=1$。

(6) 用一个四选一数据选择器和最少量的与非门,设计一个符合输血-受血规则(见图 2.5.6)的四输入一输出电路,检测所设计电路的逻辑功能。

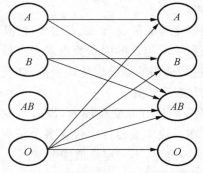

图 2.5.6　输血-受血规则

(7) 参考图 2.5.4,用数据选择器 74LS153 和译码器 74LS138(当数据分配器用)设计 5 路信号分时传送系统。测试在 $A_2 \sim A_0$ 控制下输入 $D_4 \sim D_0$ 和输出 $Y_4 \sim Y_0$ 的对应波形关系。

(8) 设 A、B、C 为三个互不相等的 4 位二进制数。试用 4 位数字比较器和二选一数据选择器设计一个能在 A、B、C 中选出最小数的逻辑电路。

(9) 在数字系统中,常用重复的二进制序列发生器(也称函数发生器)来产生一些不规则的序列码,作为某个设备的控制信号。试用数据选择器产生二进制周期性序列"11000110010"。

(10) 设计一个 $\pi=3.1415927$(8 位)的发生器,其输入为从 000 开始依次递增的 3 位二进制数,相应的输出依次为 3,1,4,…的 8421 BCD 码。

2.5.5　实验报告

(1) 详细描述实验内容中每个题目的设计过程,整理并分析实验数据。

(2) 分析实验过程中遇到的问题,总结实验的收获和体会。

(3) 总结组合逻辑电路的设计方法。

2.5.6　思考题

(1) 在分时传送系统中,若数据选择器(74LS151)输出由 Y 输出改为 W 反码输出,应如何改变电路连接才能保持系统的功能不变?

(2) 利用数据选择器和译码器实现组合逻辑函数各有何特点? 试用一片 74LS138 和与非门或用一片 74LS153 实现函数 $F=\overline{A}BC+\overline{A}B\overline{C}+A\overline{B}\overline{C}+ABC$。画出逻辑电路图。

(3) 什么叫险象? 设法用示波器观察险象。如何通过改善硬件设计来避免逻辑冒险?

(4) 信号传输速度、路径与逻辑竞争的关系是什么?

(5) 加法器、数据编码器/译码器、数据分配器/选择器等中规模组合电路是否都可以用基本门电路实现?

2.6　触发器

2.6.1　实验目的

(1) 理解时序电路与组合电路的区别与联系。

(2) 理解 RS 触发器、D 触发器、JK 触发器的工作原理及简单应用。

(3) 学习小规模时序逻辑电路的设计方法。

2.6.2　实验设备

万用表 1 块;

直流稳压电源 1 台;

低频信号发生器 1 台;

示波器 1 台;

数字系统综合实验箱 1 台;

集成电路 74LS00、74LS74、74LS112 等各 1 片。

2.6.3　实验原理

1) 触发器概述

触发器是最基本的存储元件,它的存在使逻辑运算能够"有序"地进行,这就形成了时序电路。时序电路的运用比组合电路更加广泛。

触发器具有高电平(逻辑 1)和低电平(逻辑 0)两种稳定的输出状态和"不触不发,一触即发"的工作特点。触发方式有边沿触发和电平触发两种。电平触发方式的触发器有空翻现象,抗干扰能力弱;边沿触发方式的触发器不仅可以克服电平触发方式的空翻现象,而且仅仅在时钟 CP 的上升沿或下降沿时刻才对输入激励信号响应,大大提高了抗干扰能力。

触发器和组合元件结合可构成各种功能的时序电路(包括同步和异步时序电路):

(1) 时序电路中最常用也是最简单的电路是计数器电路,包括同步和异步两种。

(2) 移位寄存器是由多个触发器串接而成的一种同步时序电路。

(3) 序列检测器是同步时序电路的一种基本应用形式。

(4) 随机存取存储器(RAM)在当前的电子设备中被广泛使用,RAM 是用双稳态触发器存储信息的。

2) 基本 RS 触发器

(1) 基本 RS 触发器的工作原理

从实际使用的角度看,相对于其他触发器,基本 RS 触发器的应用较少,但理解基本 RS 触发器的组成结构及工作原理,对掌握包括 D 触发器、JK 触发器在内的其他相对复杂的触发器的功能与应用有很大帮助。因此,有必要熟练掌握基本 RS 触发器的原理和功能,并了解其简单应用。

基本 RS 触发器是一种最简单的触发器,也是构成其他各种触发器的基础,它可以存储 1 位二进制信息。基本 RS 触发器既可由两个交叉耦合的与非门构成,也可由两个交叉耦合的或非门构成。图 2.6.1(a)、(b)分别是与非门构成的基本 RS 触发器的逻辑电路及其波形图。从波形图可见,与非门结构的基本 RS 触发器不但禁止 R、S 同时为 0,而且输出还具有不确定态。或非门结构的基本 RS 触发器同样存在这种缺点。

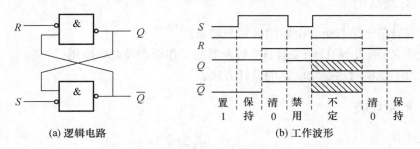

图 2.6.1　与非门构成的基本 RS 触发器

(2) 基本 RS 触发器的应用

基本 RS 触发器的用途之一是构成无抖动开关。一般的机械开关如图 2.6.2(a)所示,存在接触抖动,开关动作时,往往会在几十毫秒内出现多次抖动,相当于出现多个脉冲,见图 2.6.2(b),如果用这种信号去驱动电路工作,将使电路产生错误,这是不允许的。为了消除机械开关的接触抖动,可以利用基本 RS 触发器构成无抖动开关,见图 2.6.3(a),使开关拨动一次,输出仅发生一次变化,见图 2.6.3(b)。这种无抖动开关电路在今后的时序电路和数字系统中经常用到,必须引起足够重视。

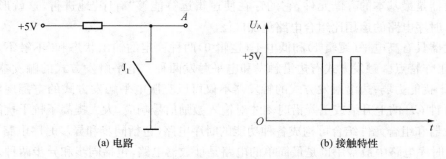

图 2.6.2　普通机械开关及其接触特性

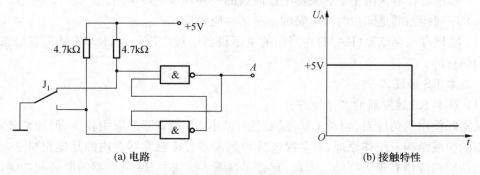

图 2.6.3　无抖动开关及其接触特性

表2.6.1给出了几种典型的集成基本 RS 触发器,它们的使用方法可参考集成电路手册。

表 2.6.1 典型集成 RS 触发器

型 号	特 性	输 入	输 出
74LS279	4RS 触发器,与非结构	R、S 低电平有效	Q
CD4043	4RS 触发器,或非结构	R、S 高电平有效	Q(三态)
CD4044	4RS 触发器,与非结构	R、S 低电平有效	Q(三态)

注意:

① 对于与非结构的基本 RS 触发器,当 R 和 S 输入端同时为 0 时,触发器的输出状态处于不稳定态,所以在实际使用时一定要避免 $R=S=0$ 的情况。

② 对于或非结构的基本 RS 触发器,当 R 和 S 输入端同时为 1 时,触发器的输出状态处于不稳定态,所以在实际使用时一定要避免 $R=S=1$ 的情况。

3) 钟控 RS 触发器

基本 RS 触发器具有直接清"0"、置"1"功能,当输入信号 R 或 S 发生变化时,触发器状态立即改变。但是,在实际电路中一般要求触发器状态按一定的时间节拍变化,即输出变化时刻受时钟脉冲的控制,这样就有了钟控 RS 触发器。钟控 RS 触发器是各种时钟触发器的基本形式。钟控 RS 触发器的逻辑电路和工作波形如图 2.6.4(a)、(b)所示。

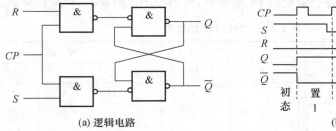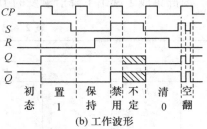

(a) 逻辑电路　　　　(b) 工作波形

图 2.6.4 钟控 RS 触发器

从图 2.6.4(b)所示的钟控 RS 触发器的工作波形图可以看出:

(1) 钟控 RS 触发器 R 和 S 输入端同时为 1 时,不论 CP 为高电平还是低电平,触发器的输出状态都处于不稳定态,所以在实际使用时一定要避免这种情况。

(2) 钟控 RS 触发器由于是 CP 电平触发,抗干扰能力弱,存在空翻现象,即在同一个 CP 脉冲作用期间(高电平或低电平期间),触发器可能会发生一次以上的翻转。

大多数集成触发器都是响应 CP 边沿(上升沿或下降沿)的触发器,而不是电平触发的触发器,例如下面将介绍的 74LS74 D 触发器和 74LS112 JK 触发器。

4) 边沿 D 触发器 74LS74

74LS74 边沿 D 触发器在时钟 CP 作用下,具有清"0"、置"1"功能,其引脚图见附录 A,功能表见表 2.6.2。在时钟 CP 上升沿时刻,触发器输出 Q 根据输入 D 而改变,其余时间触发器状态保持不变。CLR 和 PR 分别为异步复位、置位端,低电平有效,可对电路预置初始状态。74LS74 内部集成了两个上升沿触发的 D 型触发器。

表 2.6.2　74LS74 边沿 D 触发器功能表

输　　入				输　　出	
PR	CLR	CP	D	Q	$\bar{Q}$
L	H	×	×	H	L
H	L	×	×	L	H
L	L	×	×	H↑	L↑
H	H	↑	H	H	L
H	H	↑	L	L	H
H	H	L	×	Q	$\bar{Q}$

除了 74LS74 外,74LS174、74LS273、74LS374 等也是边沿触发的 D 触发器,可根据需要选用,具体使用方法请参考器件手册。

D 触发器主要用途有:

(1) 使用方法非常简单,常用于计数器和其他时序逻辑电路,工作时在时钟上升沿或下降沿改变输出状态。

(2) 将 D 触发器接入微处理器总线,当时钟上升沿或下降沿到来时输入状态被存储/锁存下来。

5) 边沿 JK 触发器 74LS112

在所有类型触发器中,JK 触发器功能最全,具有清"0"、置"1"、保持和翻转等功能。74LS112 内部集成了两组下降沿触发的 JK 触发器,其引脚图见附录 A,功能表见表 2.6.3。

表 2.6.3　74LS112 功能表

输　　入					输　　出	
PR	CLR	CP	J	K	Q	$\bar{Q}$
L	H	×	×	×	H	L
H	L	×	×	×	L	H
L	L	×	×	×	H↑	L↑
H	H	↓	L	L	Q_0	$\bar{Q}_0$
H	H	↓	H	L	H	L
H	H	↓	L	H	L	H
H	H	↓	H	H	翻　转	
H	H	H	×	×	Q_0	$\bar{Q}_0$

常用的 JK 触发器还有 74LS73、74LS113、74LS114 等,功能及使用方法略有不同,具体使用时请参考器件手册。

6) 脉冲工作特性

触发器是由门电路构成的,由于门电路存在传输延迟,为使触发器能正确地变化到预定的状态,输入信号与时钟脉冲之间应满足一定的时间关系,这就是触发器的脉冲工作特性。

脉冲工作特性主要包括:

(1) 建立时间 t_{set}:CP 脉冲的有效边沿到来时,激励输入信号应该已经到来一段时间,这个时间称为建立时间。

（2）保持时间 t_h：CP 脉冲的有效边沿到来后，激励输入信号还应该继续保持一段时间。这个时间称为保持时间。

（3）延迟时间 t_{pd}：从 CP 脉冲的有效边沿到来到输出端得到稳定的状态所经历的时间称为触发器的延迟时间，$t_{pd}=(t_{pHL}+t_{pLH})/2$。

（4）时钟高电平持续时间 t_{WH}。

（5）低电平持续时间 t_{WL}。

（6）最高工作频率 f_{max}。

由于以上因素的影响，时钟脉冲 CP 必须满足高电平持续时间、低电平持续时间及最高工作频率等指标要求。

表 2.6.4 给出了 74LS74A D 触发器的主要技术指标，各指标的含义如图 2.6.5 所示。这些指标为设计电路时把握各信号间的时间关系及确定时钟的主要参数提供了依据。

表 2.6.4 74LS74A D 触发器的主要技术指标

参数名称和符号		极限值			单位	测试条件
		最小	典型	最大		
建立时间 t_{set}	t_{sH}	20			ns	$V_{CC}=5.0\,V,C_L=15\,pF$
	t_{sL}	20			ns	
保持时间	t_h	5			ns	
低电平保持时间	t_{WL}	25			ns	
高电平保持时间	t_{WH}	25			ns	
最高工作频率	f_{max}	25	33		MHz	
平均传输延迟时间 t_{pd}	t_{pLH}		13	25	ns	$V_{CC}=5.0\,V$
	t_{pHL}		25	40		

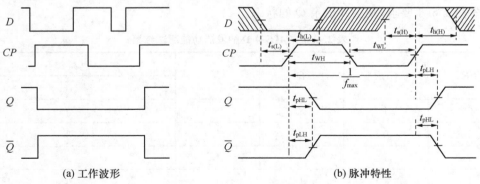

(a) 工作波形　　　　　　　　　　(b) 脉冲特性

图 2.6.5 74LS74A D 触发器的工作波形与脉冲特性

7）集成触发器使用注意事项

（1）必须满足脉冲工作特性。在同一同步时序电路中，各触发器的触发时钟脉冲是同一个时钟脉冲。因此，在同一电路中应尽可能选用同一类型的触发器或触发沿相同的触发器。

（2）由于触发器状态端（Q 或 $\overline{Q}$）端的负载能力是有限的，所带负载不能超过扇出系数。特别是 TTL 电路的触发器负载能力较弱，如果超负载将会造成输出电平忽高忽低、逻辑不清。解决方法是：插入驱动门增加 Q 端或 $\overline{Q}$ 端的负载能力，或根据需要，在 Q 端通过一反相器，帮助 $\overline{Q}$ 端带负载；反之亦然。

（3）要保证电路具有自启动能力。检查方法是：利用 CLR 端和 PR 端使电路处于未使用状态，观察电路在时钟作用下是否会回到正常状态。如果不能，则应改进电路使其具有自启动能力。

（4）一般情况下，测试电路的逻辑功能仅仅验证了它的状态转换真值表，更严格的测试还应包括测试电路的时序波形图，检查是否符合设计要求。

2.6.4　实验内容

（1）测试基本 RS 触发器的逻辑功能

基本 RS 触发器是无时钟控制、由电平直接触发的触发器，具有置"0"、置"1"和"保持"三种功能。试用两个与非门（可选用 74LS00）组成基本 RS 触发器，按表 2.6.5 要求测试并加以记录。观察 $R=S=0$ 时触发器的不稳定态。

表 2.6.5　基本 RS 触发器功能测试结果

输　入		输　出	
S	R	Q_{n+1}	$\overline{Q}_{n+1}$
0	1		
1	1		
1	0		
0	1		
0	0		

（2）测试 D 触发器 74LS74 的逻辑功能

按表 2.6.6 要求，观察并记录 Q 的状态。

表 2.6.6　74LS74 D 触发器功能测试结果

PR	CLR	D	CP	Q_{n+1}	
				$Q_n=0$	$Q_n=1$
0	1	×	×		
1	0	×	×		
1	1	0	↑		
1	1	1	↑		

（3）测试 JK 触发器 74LS112 的逻辑功能

按表 2.6.7 要求，观察并记录 Q 的状态。

表 2.6.7 74LS112 JK 触发器功能测试结果

PR	CLR	J	K	CP	Q_{n+1}	
					$Q_n=0$	$Q_n=1$
0	1	×	×	×		
1	0	×	×	×		
1	1	0	0	↓		
1	1	0	1	↓		
1	1	1	0	↓		
1	1	1	1	↓		

(4) 将 JK 触发器 74LS112 转换成 D 触发器

设计一个逻辑电路将 JK 触发器 74LS112 转换成 D 触发器。画出逻辑电路图并加以实现。

(5) 用 D 触发器设计一个六进制异步加法计数器

① 用单脉冲作输入,观察输出的变化情况,并加以记录。

② 用 $f=1$ kHz 的连续脉冲作输入,用双踪示波器观察并画出 CP 端与 Q 端的脉冲波形图,标出其脉冲工作特性,主要包括建立时间 t_{set}、保持时间 t_h、时钟高电平持续时间 t_{WH}、时钟低电平持续时间 t_{WL}。

(6) 用 74LS112 双 JK 触发器设计一个同步四进制加法计数器

① 触发器的时钟信号用单脉冲作输入,观察两个触发器输出的变化,并加以记录。

② 用 $f=1$ kHz 的连续脉冲作输入,用双踪示波器观察并比较其输入、输出信号的波形,画出 CP 与 Q 的脉冲波形图,标出其脉冲工作特性,主要包括建立时间 t_{set}、保持时间 t_h、时钟高电平持续时间 t_{WH}、时钟低电平持续时间 t_{WL}。

(7) 用 74LS112 及门电路设计一个计数器

该计数器有两个控制端 C_1 和 C_2,C_1 用来控制计数器的模数,C_2 用来控制计数器的增减。

① $C_1=0$,则计数器为模 3 计数器;$C_1=1$,则计数器为模 4 计数器。

② $C_2=0$,则计数器为加法计数器;$C_2=1$,则计数器为减法计数器。

(8) 设计一个简易两人智力竞赛抢答器

具体要求是:

① 每个抢答人操纵一个微动开关,以控制自己的一个指示灯。

② 抢先按动开关者能使自己的指示灯亮起,并封锁对方的动作(即对方即使按动开关也不再起作用)。

③ 主持人可在最后按"主持人"微动开关使指示灯熄灭,并解除封锁。

④ 器件自定,根据设计的电路图搭接电路,并验证电路功能。

(9) 设计一个汽车尾灯控制电路

给定芯片为 74LS138、双 D 触发器及门电路若干,设计一个具有以下功能的汽车尾灯控制电路:

① 用 6 个发光二极管模拟汽车尾灯,左右各有 3 个,用 2 个开关分别控制左转弯和右转弯,当右转弯时,右边的 3 个灯按图 2.6.6 所示,周期地亮与暗(设周期 T 为 1 s),而左边的 3 个尾灯全灭;左转弯时左边的 3 个灯按图 2.6.6 所示,周期地亮与暗,而右边的 3 个尾

灯则全灭。

②当司机不慎同时接通了左右转弯的 2 个开关时,则紧急闪烁器工作,6 个尾灯以 1 Hz的频率同时亮暗闪烁。

③急刹车和停车时开关。当急刹车开关接通时,所有的 6 个尾灯全亮,如果急刹车的同时有左或右转弯时,则相应的 3 个转向的尾灯应按图 2.6.6 所示正常地亮和暗,而另外的 3 个尾灯则仍继续亮;停车时,6 个尾灯全灭。

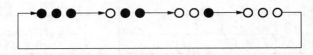

图 2.6.6　汽车尾灯变化

2.6.5　实验报告

(1) 详细描述实验内容中每个题目的设计过程,整理并分析实验数据。

(2) 分析实验过程中遇到的问题,总结实验的收获和体会。

2.6.6　思考题

(1) 设计时序逻辑电路时如何处理各触发器的清"0"端 CLR 和置"1" 端 PR。

(2) 如何理解同步和异步的概念? 同步控制和异步控制的最终目的是什么?

(3) 结合图 2.6.5 所示的 D 触发器的工作波形与脉冲特性,谈谈对时序概念的理解。为什么在设计实际电路时要关注数字集成电路的最高工作频率?

(4) 比较一下小规模集成组合逻辑电路(见第 2.1 节)和集成时序逻辑电路的特性参数。它们之间有什么区别和联系?

(5) 设计同步计数器时选用哪种类型的触发器较方便? 设计异步计数器时选用哪种类型的触发器较方便?

(6) D 触发器可以锁存信号,请描述一下锁存器的工作过程。

(7) 为什么说触发器可以存储二进制信息?

(8) 边沿触发和电平触发的区别是什么?

(9) 认真理解状态图、状态表、激励表的概念。请想想在工程设计中如何借鉴这种设计思想。

(10) 在用 74LS112 电路所构成的四进制加法计数器中(见实验内容部分),加入"反馈复位"环节,使电路变成三进制加法计数器。在外接的时钟脉冲(单脉冲)作用下,观察两个触发器输出的变化。思考一下这是为什么?

2.7　集成计数器

2.7.1　实验目的

(1) 掌握计数器的概念。

(2) 理解常用中规模集成电路(MSI)计数器的工作原理及简单应用。

（3）学习中规模时序逻辑电路的设计方法。

2.7.2 实验设备

万用表 1 块；

直流稳压电源 1 台；

低频信号发生器 1 台；

示波器 1 台；

数字系统综合实验箱 1 台；

集成电路 74LS163、74LS192、74LS90 等各 1 片。

2.7.3 实验原理

1）计数器概述

计数器是一种十分重要的逻辑部件。如果输入的计数脉冲是秒信号，则可用模 60 计数器产生分信号，进而产生时、日、月和年信号；如果在一定的时间间隔（如 1 s）内对输入的周期性脉冲信号计数，就可以测出该信号的重复频率；计数器还是很多专用集成电路内部不可或缺的模块。

计数器种类很多。各种计数器间的不同之处主要表现在计数方式（同步计数或异步计数）、模、码制（自然二进制码或 BCD 码等）、计数规律（加法计数或加/减计数）、预置方式（同步预置或异步预置）以及复位方式（异步复位或同步复位）等六个方面。

计数器的功能表征方式有功能表和时序波形图两种。

计数器的型号有很多，既有 TTL 型器件，也有 CMOS 型器件。表 2.7.1 列出了部分常用的集成计数器。

表 2.7.1 常用集成计数器

型 号	计数方式	模及码制	计数规律	预 置	复 位	触发方式
74LS90	异步	2×5	加法	异步	异步	下降沿
74LS92	异步	2×6	加法	—	异步	下降沿
74LS160	同步	模 10,8421 码	加法	同步	异步	上升沿
74LS161	同步	模 16,二进制	加法	同步	异步	上升沿
74LS162	同步	模 10,8421 码	加法	同步	同步	上升沿
74LS163	同步	模 16,二进制	加法	同步	同步	上升沿
74LS190	同步	模 10,8421 码	单时钟,加/减	异步	—	上升沿
74LS191	同步	模 16,二进制	单时钟,加/减	异步	—	上升沿
74LS192	同步	模 10,8421 码	双时钟,加/减	异步	异步	上升沿
74LS193	同步	模 16,二进制	双时钟,加/减	异步	异步	上升沿
CD4020	异步	模 2^{14},二进制	加法	—	异步	下降沿

计数器的工作速度是一个很重要的电参数。由于同步计数器中的所有触发器共用一个时钟脉冲 CP，该脉冲直接或经一定的组合电路加至各触发器的 CP 端，使该翻转的触发器同时翻转计数，所以同步计数器的工作速度较快。而异步计数器中各触发器不共用一个

时钟脉冲 CP,各级的翻转是异步的,所以工作速度较慢,而且,若由各级触发器直接译码,会出现竞争-冒险现象。但异步计数器的电路结构比同步计数器简单。

2)MSI 计数器 74LS163

74LS163 为 4 位二进制同步可预置加法计数器,其引脚图见附录 A,功能表见表 2.7.2。

表 2.7.2　74LS163 功能表

输　入									输　出				工作方式
CLR	LD	P	T	CP	D	C	B	A	Q_D	Q_C	Q_B	Q_A	
0	×	×	×	↑	×	×	×	×	0	0	0	0	同步清0
1	0	×	×	↑	d	c	b	a	d	c	b	a	同步置数
1	1	×	0	×	×	×	×	×	Q_D^n	Q_C^n	Q_B^n	Q_A^n	保持
1	1	0	×	×	×	×	×	×	Q_D^n	Q_C^n	Q_B^n	Q_A^n	保持
1	1	1	1	↑	×	×	×	×	加法计数				加法计数

从 74LS163 的功能表可以看出,在清 0、置数、计数时都需要时钟上升沿的到来才能实现相应功能。

3) MSI 计数器 74LS192

74LS192 为同步十进制可逆计数器,其引脚图见附录 A,功能表见表 2.7.3。

表 2.7.3　74LS192 功能表

输　入								输　出				工作方式
CLR	LD	CP_U	CP_D	D	C	B	A	Q_D	Q_C	Q_B	Q_A	
1	×	×	×	×		×	×	0	0	0	0	异步清0
0	0	×	×	d	c	b	a	d	c	b	a	异步置数
0	1	↑	1	×	×	×	×	加法计数				计数
0	1	1	↑	×	×	×	×	减法计数				

从 74LS192 的功能表可以看出,在清 0、置数时,不需要时钟进行同步执行,而计数则需要时钟上升沿到来时才能进行。

4) MSI 计数器的应用

(1) 级联

将两个或两个以上的 MSI 计数器按一定方式串接起来是构成大规模集成计数器的方法。异步计数器一般没有专门的进位信号输出端可供电路级联时使用,而同步计数器往往设有进位(或借位)信号,供电路级联时使用。

(2) 构成模 N 计数器

利用集成计数器的预置端和复位端,并合理使用其清 0、置数功能,可以方便地构成任意进制计数器。图 2.7.1(a)是利用 74LS163 的复位端构成的模 6 计数器,图 2.7.1(b)是利用 74LS192 的异步置数端构成的模 6 计数器。这两种方法的区别是:

① 利用复位端构成任意模计数器,计数器起点必须是 0,而利用预置端构成任意模计数器,计数的起点可为任意值;

② 74LS163 的复位端是同步复位端,74LS192 的置数端是异步置数端,而异步置数和异步复位一样会造成在波形上有毛刺输出。

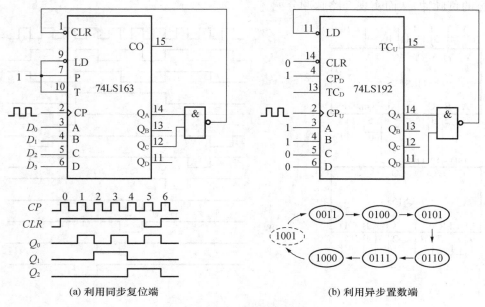

(a) 利用同步复位端　　　　　(b) 利用异步置数端

图 2.7.1　模 6 计数器

(3) 用做定时器

由于计数器具有对脉冲的计数作用,所以计数器可用做定时器。

(4) 用做分频器

计数器可以对计数脉冲分频,改变计数器的模便可以改变分频比。如图 2.7.2 为由 74LS163 构成的分频器。分频比 $M=16-N=16-11=5$(11 即二进制 1011),即 CO 输出脉冲的重复频率为 CP 的 1/5。改变 N 即可改变分频比。

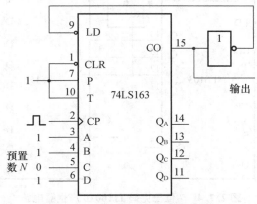

图 2.7.2　74LS163 构成分频器

(5) 利用计数器及译码器构成脉冲分配器

脉冲分配器是一种能够在周期时钟脉冲作用下输出各种节拍脉冲的数字电路。如图 2.7.3(a)所示为由 74LS163 计数器和 74LS138 译码器实现的脉冲分配器,其工作波形如图 2.7.3(b)所示。在时钟脉冲 CP 的作用下,计数器 74LS163 的 Q_2、Q_1、Q_0 输出端将周期性地产生 000~111 输出,通过译码器 74LS138 译码后,依次在 Y_0~Y_7 端输出 1 个时钟周期宽的负脉冲,从而实现 8 路脉冲分配。

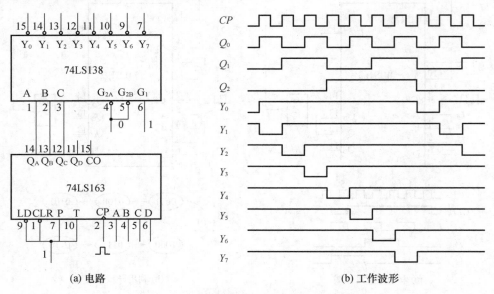

(a) 电路   (b) 工作波形

图 2.7.3 8 路脉冲分配器电路及工作波形

(6) 计数器辅以数据选择器或适当的门电路构成计数型周期序列发生器

如图 2.7.4 所示为由 74LS163 计数器和 74LS151 八选一数据选择器构成的巴克码序列 1110010 产生器。计数器的模数 $M=7$ 即为序列的周期,计数器的状态输出作为数据选择器的地址变量,要产生的序列中的各位作为数据选择器的数据输入,数据选择器的输出即为所要的输出序列。

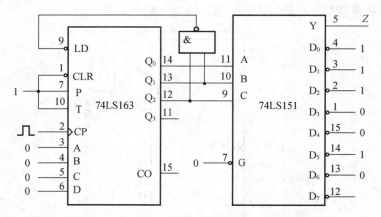

图 2.7.4 7 位巴克码 1110010 产生器电路

2.7.4 实验内容

(1) 用同步计数器 74LS192 构成模 $N=24$ 的计数器,要求以 BCD 码显示。

（2）用 74LS192 构成计数规律为 2,3,4,5,6,7,6,5,4,3,2,3,…的计数器。

（3）设计一个 16 路 1 个时钟周期宽的负脉冲分配器。

（4）用 74LS163 并辅以少量门电路实现下列计数器：

① 计数规律为：0,1,2,3,4,9,10,11,12,13,14,15,0,1,…的计数器。

② 二进制模 60 计数器。

③ 8421 BCD 码模 60 计数器。

（5）用集成计数器及组合电路构成 010011000111 序列信号发生器。

（6）设计一个同步时序电路。给定 $f_0 = 1\,200\ \text{Hz}$ 的方波信号，要求得到 $f = 200\ \text{Hz}$ 的三个相位彼此相差 $120°$ 的方波信号。要求：

① 用 JK 触发器及门电路实现；

② 用 D 触发器及门电路实现，并要求有自启动；

③ 查集成电路手册读懂 74LS90 的功能表，然后用 74LS90、74LS138 及门电路实现。

设计提示：$f_0 = 1\,200\ \text{Hz}$，要求三路方波输出信号都为 $f = 200\ \text{Hz}$，由此可知电路是 6 分频计数器，电路中最少有一个状态 $Q_2 Q_1 Q_0$，且 Q_2、Q_1、Q_0 的波形相位差为 $120°$。

2.7.5　实验报告

（1）详细描述实验中每个题目的设计过程，整理并分析实验数据。

（2）分析实验过程中遇到的问题，总结实验的收获和体会。

2.7.6　思考题

（1）计数/定时器在通信系统中的作用是什么？

（2）查集成电路手册读懂 74LS90 的功能表。图 2.7.5 是 74LS90 的级联连接图，请问该计数器的模数是多少？

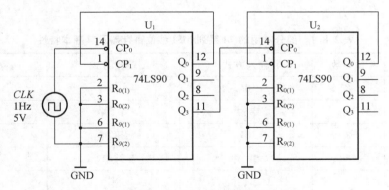

图 2.7.5　74LS90 级联电路

（3）进一步理解同步和异步的概念。如何理解同步清 0 和异步置数？

（4）解释异步计数器中存在竞争-冒险现象的原因。

（5）查集成电路手册了解 74LS90 各种电参数的意义。

（6）图 2.7.1(b)是利用 74192 异步置数端构成的模 6 计数器。现在如果不断增高 CP 频率，观察是否一直能正常计数？为什么？

2.8　集成移位寄存器

2.8.1　实验目的

(1) 掌握移位寄存器的概念。

(2) 理解中规模集成电路(MSI)4 位双向移位寄存器的工作原理及简单应用。

(3) 学习数字电路小系统的设计方法。

2.8.2　实验设备

万用表 1 块；

直流稳压电源 1 台；

低频信号发生器 1 台；

示波器 1 台；

数字系统综合实验箱 1 台；

集成电路 74LS04、74LS161、74LS194、74LS198 等各 1 片。

2.8.3　实验原理

1) 移位寄存器概述

移位寄存器是一种具有移位功能的寄存器,寄存器中所存储的代码能够在移位脉冲的作用下依次左移或右移。既能左移又能右移的移位寄存器称为双向移位寄存器,只需要改变左、右移的控制信号便可实现双向移位要求。

移位寄存器品种非常多。部分常用的 74 系列 MSI 移位寄存器及其基本特性如表 2.8.1所示。

表 2.8.1　部分常用的 74 系列 MSI 移位寄存器及其基本特性

型　号	位　数	输入方式	输出方式	移位方式
74LS91	8	串	串	右移
74LS96	5	串、并	串、并	右移
74LS164	8	串	串、并	右移
74LS165	8	串、并	互补串行	右移
74LS166	8	串、并	串	右移
74LS179	4	串、并	串、并	右移
74LS194	4	串、并	串、并	双向移位
74LS195	4	串、并	串、并	右移
74LS198	8	串、并	串、并	双向移位
74LS323	8	串、并	串、并(三态)	双向移位

根据存取信息方式的不同移位寄存器可分为串入串出、串入并出、并入串出、并入并出四种形式。图 2.8.1(a)和(b)分别为 74LS198 构成的串入并出电路和并入串出电路。

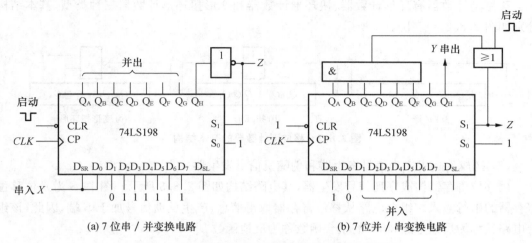

(a) 7 位串/并变换电路   (b) 7 位并/串变换电路

图 2.8.1 移位型寄存器实现串/并和并/串变换器

2) 4 位双向通用移位寄存器 74LS194

74LS194 是一种功能很强的 4 位移位寄存器,内部包含四个触发器,其引脚图见附录 A,功能表见表 2.8.2。

表 2.8.2 74LS194 的功能表

输 入										输 出				工作模式
CLR	S_1	S_0	CP	D_{SL}	D_{SR}	A	B	C	D	Q_A	Q_B	Q_C	Q_D	
0	×	×	×	×	×	×	×	×	×	0	0	0	0	异步清 0
1	0	0	×	×	×	×	×	×	×	Q_A^n	Q_B^n	Q_C^n	Q_D^n	数据保持
1	0	1	↑	×	1	×	×	×	×	1	Q_A^n	Q_B^n	Q_C^n	同步右移
1	0	1	↑	×	0	×	×	×	×	0	Q_A^n	Q_B^n	Q_C^n	
1	1	0	↑	1	×	×	×	×	×	Q_B^n	Q_C^n	Q_D^n	1	同步左移
1	1	0	↑	0	×	×	×	×	×	Q_B^n	Q_C^n	Q_D^n	0	
1	1	1	↑	×	×	A	B	C	D	A	B	C	D	同步置数

从 74LS194 的功能表可以看出,其中 D_{SL} 和 D_{SR} 分别是左移和右移串行输入端;A、B、C、D 为并行输入端;Q_A、Q_B、Q_C、Q_D 为并行输出端,Q_A、Q_D 分别兼做左移、右移时的串行输出端;S_1、S_0 为工作模式控制端,控制四种工作模式的切换;CLR 为异步清 0 端,低电平有效;CP 为时钟脉冲输入端,上升沿有效。

3) 移位寄存器的主要用途

(1) 用做临时数据存储

在串行数据通信中,发送端需要发送的信息总是先存放入移位寄存器中,然后由移位寄存器将其逐位送出;与此对应,接收端逐位从线路上接收信息并移入移位寄存器中,待接收完一个完整的数据组后才从移位寄存器中取走数据。移位寄存器在这里就是作为临时数据存储用的。

（2）构成移位型计数器

移位型计数器有环形计数器、扭环形计数器和变形扭环形计数器三种类型,基本结构分别如图 2.8.2(a)、(b)、(c)所示。

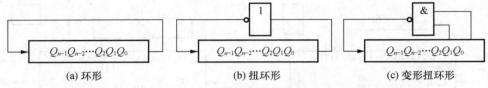

| (a) 环形 | (b) 扭环形 | (c) 变形扭环形 |

图 2.8.2　移位型计数器的基本结构

（3）构成伪随机序列信号发生器和伪随机信号发生器

用移位寄存器构成序列信号发生器,其电路结构如图 2.8.3 所示。图中,S 为 n 位移位寄存器的串行输入。组合电路从移位寄存器取得信息,产生反馈信号加于 S 端,因此,该组合电路又称为反馈电路,相应的组合函数称为反馈函数。

图 2.8.3　线性移位寄存器结构

若反馈函数具有如下形式:

$$S = C_0 \oplus C_1 Q_1 \oplus C_2 Q_2 \oplus \cdots \oplus C_n Q_n$$

则该时序电路称为线性反馈移位寄存器。这里,$C_i (i=0,1,\cdots,n)$ 为逻辑常量 0 或 1。线性移位寄存器产生的序列信号在通信及数字电路故障检测中有着广泛的用途。

如果序列信号发生器产生的序列中 0 和 1 出现的概率接近相等,就称此序列为伪随机序列。n 位移位寄存器所能产生的伪随机序列的长度为 $P \leqslant 2^n - 1$,长度为 $2^n - 1$ 的随机序列又称为 M(最长)序列。

如从这种线性移位寄存器的一个输出端串行地输出信号,则构成了上文的 1 路伪随机序列发生器,如从线性移位寄存器的各输出端同时并行地取得伪随机信号,则构成伪随机信号发生器。伪随机信号发生器是一类很有用的信号发生器。

（4）构成序列检测器

序列检测器是一种能够从输入信号中检测特定输入序列的逻辑电路。利用移位寄存器的移位和寄存功能,可以非常方便地构成各种序列检测器。

一个用 4 位二进制双向移位寄存器 74LS194 构成的"1011"序列检测器如图 2.8.4 所示。从电路可见,当 X 端依次输入 1、0、1、1 时,输出 $Z=1$,否则 $Z=0$。因此,$Z=1$ 表示电路检测到了序列"1011"。注意,如果允许序列码重叠,"1011"的最后一个 1 可以作为下一组"1011"的第一个 1,如果不允许序列码重叠,则"1011"的最后一个 1 就不能作为下一组"1011"的第一个 1。

（5）实现串/并和并/串转换器

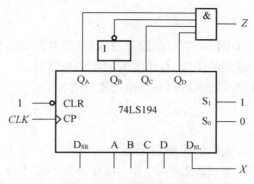

图 2.8.4 "1011"序列检测器

串/并转换器是把若干位串行二进制数码变成并行二进制数码的电路,并/串转换器的功能正好相反。

4)时序逻辑电路设计

时序逻辑电路由组合电路和存储电路两部分组成,可以说是一种能够完成一定的控制和存储功能的数字电路小系统。这样的电路系统不是很复杂,但却是设计或构成复杂数字系统所必不可少的。在一般情况下,时序逻辑电路的设计流程如图 2.8.5 所示。

2.8.4 实验内容

(1)用 74LS194 设计一个 4 位右移环形计数器。

(2)用 74LS194 设计一个 8 分频器。要求如下:

① 初始状态设为 0000。

② 用双踪示波器同时观察输入和输出波形,并记录实验结果。

③ 画出电路工作的全状态图。

(3)用移位寄存器作为核心器件,设计一个彩灯循环控制器,并给出详细设计步骤。要求如下:

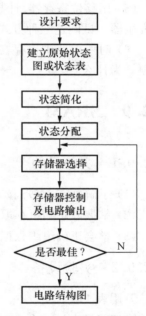

图 2.8.5 时序电路设计流程

① 4 路彩灯循环控制,组成两种花型,每种花型循环一次,两种花型轮流交替。假设选择下列两种花型:花型 1 为从左到右顺序亮,全亮后再从左到右顺序灭;花型 2 为从右到左顺序亮,全亮后再从右到左顺序灭。

② 通过 START=1 信号加以启动。

(4)用计数器、移位寄存器和组合电路实现"1101"序列发生和序列检测器,允许输入序列码重叠。

(5)用 74LS194 和门电路设计一个带有标志位的 8 位串/并转换器。

(6)用 74LS194 和门电路设计一个带有标志位的 8 位并/串转换器。

2.8.5　实验报告

（1）详细描述实验内容中每个题目的设计过程，整理并分析实验数据。

（2）分析实验过程中遇到的问题，总结实验的收获和体会。

（3）总结基于时序电路的数字电路小系统的设计方法。

2.8.6　思考题

（1）寄存器在计算机系统中的作用是什么？

（2）如何用移位寄存器实现数据的串/并、并/串转换？在工程上有什么意义？

（3）用移位寄存器实现数据的串/并、并/串转换与用数据选择器、分配器实现数据的串/并、并/串转换有什么区别？

（4）实验内容（4）中如果不允许输入序列码重叠，应该如何设计？

（5）用移位寄存器、计数器和数据选择器或者单独用组合逻辑电路都可以实现序列信号发生器。试问这三种方式之间有什么区别？

（6）时序电路中也存在竞争-冒险现象，但一般认为同步时序电路中不存在竞争-冒险现象。为什么？

2.9　SRAM

2.9.1　实验目的

（1）了解静态 MOS 读写存储器 MB2114 芯片的原理，外部特性及使用方法。

（2）掌握静态随机存取存储器（SRAM）的读出和写入操作的工作过程。

（3）学会正确组织数据信号、地址信号和控制信号。

2.9.2　实验设备

万用表 1 块；

直流稳压电源 1 台；

低频信号发生器 1 台；

示波器 1 台；

数字系统综合实验箱 1 台；

集成电路 74LS04、74LS163、74LS126、MB2114 等各 1 片。

2.9.3　实验原理

1）半导体存储器概述

半导体存储器是由许多触发器或其他记忆元件构成的用以存储一系列二进制数码的器件。半导体存储器的详细分类如图 2.9.1 所示。其中，固定的只读存储器（ROM）的内容完全由生产厂家决定，用户无法通过编程更改其内容；可编程只读存储器（PROM）为用户可一次性编程的 ROM;可(紫外线)擦除可编程只读存储器(EPROM)为用户可多次编程可(紫外线)擦除的 ROM，也经常缩写为 UVPROM(Ultraviolet Erasable PROM);可电擦除可编程只读存储器(E^2PROM)为用户可多次编程可电擦除的 ROM;Flash 存储器为兼有 EPROM 和 E^2PROM 优点的闪速存储器(简称闪存)，电擦除，可编程，速度快，编程速度比 EPROM 快一个数量级，比 E^2PROM 快三个数量级，是近 20 年来 ROM 家族中的新品;先入先出(FIFO)存储器按照写入的顺序读出信息;先入后出(FILO)存储器按照写入的逆序读出信息;SRAM 以双稳态触发器存储信息;动态随机存取存储器(DRAM)以 MOS 管栅、源极间寄生电容存储信息，因电容器存在放电现象，DRAM 必须每隔一定时间(1~2 ms)重新写入存储的信息，这个过程称为刷新(Refresh)。双极型电路无 DRAM。

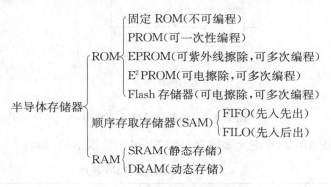

图 2.9.1　半导体存储器分类

2)SRAM 的组成与原理

RAM 的一般结构如图 2.9.2 所示。

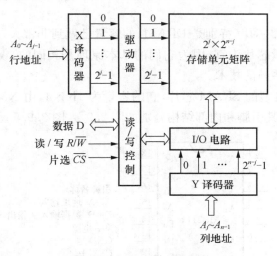

图 2.9.2　RAM 的一般结构

RAM 中采用的记忆单元有许多种类。按存储信息的原理可分为静态记忆单元和动态记忆单元两类，由前者构成的 RAM 称为 SRAM，由后者构成的 RAM 称为 DRAM。静态记忆单元的示意图如图 2.9.3 所示。交叉耦合的 G_1 和 G_2 构成双稳态触发器。当该单元未被选中时，S_1 和 S_2 断开，触发器状态(即所存的信息)保持不变，故称为静态记忆单元。

当该单元被选中时,S_1 和 S_2 均导通。若欲将信息写入该单元,则 RAM 中的读/写控制电路将外部 I/O 线上的信息经内部数据线 D_i 和 $\overline{D}_i$ 置入触发器;如欲从该单元读出所存信息,则触发器的状态通过 D_i 和 $\overline{D}_i$ 经读/写控制电路驱动后送至外部 I/O 线。

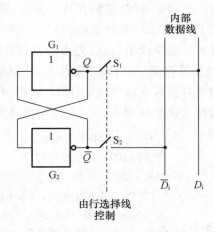

图 2.9.3　静态记忆单元示意图

目前常用的 SRAM 芯片绝大多数都是用 MOS 工艺制造的,如表 2.9.1 所示。

表 2.9.1　常用的静态 RAM 芯片

型　号	容量(字×位)	型　号	容量(字×位)
MB2114	1K×4	HM62256	32K×8
HM6116	2K×8	HM628128	128K×8
HM6264	8K×8		

3) MB2114

虽然当今的存储器芯片(特别是 DRAM)的容量已做到非常大,但了解它们的原理,还是以早期的一些小容量芯片为宜,因为它们的基本原理是相同的,仅仅是规模上的差异或是后来者又采用了一些新的技术。

MB2114 是一种典型的 SRAM 芯片,它的容量为 1K×4,由 NMOS 工艺制作而成,为 18 引脚的 DIP 封装。其引脚和内部结构分别如图 2.9.4、图 2.9.5 所示。

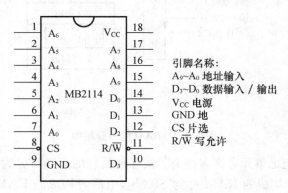

引脚名称:
$A_9 \sim A_0$ 地址输入
$D_3 \sim D_0$ 数据输入 / 输出
V_{CC} 电源
GND 地
CS 片选
$R/\overline{W}$ 写允许

图 2.9.4　MB2114 引脚

该芯片共含 4 096 个基本存储单元,排成 64×64 存储矩阵。地址线为 10 根,采用复合译码,分两组:A_3～A_8 用于行选择,从 64 行中选择一行;A_0～A_2、A_9 用于列选择,从 16 根列选择线选择一根。注意,每根列选择线同时接到了存储矩阵的 4 根列线上。因此,当一根列选择线被选时,与之相连的存储矩阵的 4 根列线和被选择行线交叉处的四个基本存储单元(组成一个芯片字)被同时选中。从图中还可以看出,芯片内部的数据线与外部数据线(D_0～D_3)之间有三态门,这符合与系统数据总线直接相连的要求。

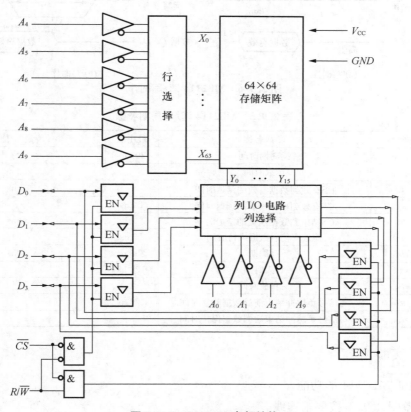

图 2.9.5 MB2114 内部结构

注意,MB2114 芯片读/写控制只有一个 $R/\overline{W}$ 引脚。当片选信号 $\overline{CS}$ 和 $R/\overline{W}$ 同时有效(都为低电平)时表示进行写操作;当 $R/\overline{W}$ 写无效(为高电平)而 $\overline{CS}$ 有效时表示进行读操作(或者说,当 $R/\overline{W}$ 写无效时,$\overline{CS}$ 兼作读信号)。这样安排的目的同样是为了减少芯片的引脚数目,从而减小芯片占用的面积。

表 2.9.2 列出了 MB2114 的三种工作方式。

表 2.9.2 MB2114 的工作方式

工作方式	$\overline{CS}$	$R/\overline{W}$	功 能
读出	0	1	将地址码 A_9～A_0 选中单元的数据输出到 D_3～D_0 上
写入	0	0	将数据线 D_3～D_0 上的数据存入地址码 A_9～A_0 选中的单元
低功耗维持	1	×	将数据线 D_3～D_0 置为高阻状态

每一种存储芯片都有自己固有的时序特性。对于静态 RAM 来说,时序特性包括读周期

和写周期两种。图 2.9.6(a) 和 (b) 分别为 MB2114 的读/写时序,读写周期参数见表 2.9.3。

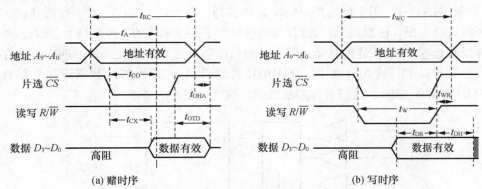

(a) 赌时序　　　　　　　　　　　　　　(b) 写时序

图 2.9.6　MB2114 读/写时序

表 2.9.3　MB2114 读/写周期参数

项　目	符　号	参数名称	最小值	最大值
读周期	t_{RC}	读周期时间	200 ns	
	t_A	读取时间		200 ns
	t_{CO}	$\overline{CS}$有效到数据有效的延迟时间		70 ns
	t_{CX}	$\overline{CS}$有效到数据出现的延迟时间	20 ns	
	t_{OTD}	$\overline{CS}$结束到数据消失的延迟时间		60 ns
	t_{OHA}	地址变化后数据维持时间	50 ns	
写周期	t_{WC}	写周期	200 ns	
	t_W	写入时间	120 ns	
	t_{WR}	写释放时间	0	
	t_{DS}	写信号负脉冲结束前的数据建立时间	120 ns	
	t_{DH}	写信号负脉冲结束后的数据保持时间	0	

2.9.4　实验内容

(1) 验证 MB2114 的功能

① 参考图 2.9.7,按要求连线。

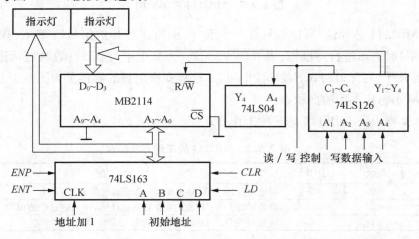

图 2.9.7　实验(1)用图

② 按图 2.9.8 所示的流程组织信号。

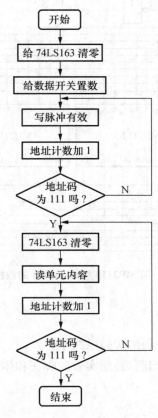

开始

给 74LS163 清零

给数据开关置数

写脉冲有效

地址计数加 1

地址码
为 111 吗？　N

Y

74LS163 清零

读单元内容

地址计数加 1

地址码
为 111 吗？　N

Y

结束

图 2.9.8　实验(1)流程

③ 组织输入信号,观察实验结果,并将实验结果填入自制的表格内。要求:给 0000~0010 单元写内容;将 0000~0010 单元内容读出。

(2) 构造数据存储器

用 MB2114 为某数字通信系统构造存储容量为 2K×8 的数据存储器,并用实验内容(1)的方法验证。设计要求见表 2.9.4,设计参考图见图 2.9.9。

表 2.9.4　MB2114 构成的 2K×8 数据存储器的地址范围

选中芯片	$\overline{CS_1}$	$\overline{CS_0}$	A_{10}	$A_9A_8A_7A_6A_5A_4A_3A_2A_1A_0$	十六进制地址
2114—1				0 0 0 0 0 0 0 0 0 0	000H
	1	0	0	…	…
2114—2				1 1 1 1 1 1 1 1 1 1	3FFH
2114—3				0 0 0 0 0 0 0 0 0 0	400H
	0	1	1	…	…
2114—4				1 1 1 1 1 1 1 1 1 1	7FFH

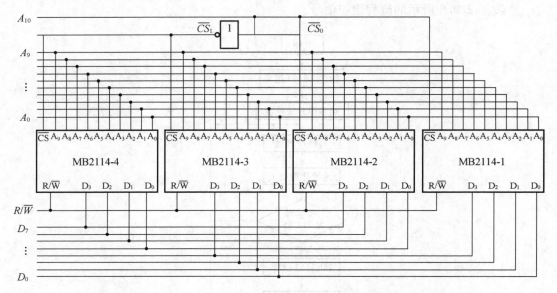

图 2.9.9　用 MB2114 构成 2K×8 的数据存储器

2.9.5　实验报告

（1）要求列出详细设计过程，画出实验电路图。

（2）分析实验过程中遇到的问题，总结实验的收获和体会。

2.9.6　思考题

（1）触发器、寄存器和存储器(SRAM)的区别和联系是什么？

（2）试分析 74LS04、74LS163 和 74LS126 在实验内容(1)电路中的作用。

（3）实验内容(1)中，如果需要访问单元 300H ~ 3F0H 中的内容，应怎样组织地址信息？

（4）结合图 2.9.6 进一步理解时序的概念。

（5）参考图 2.9.5，说明地址锁存和双向数据总线是如何实现的。

2.10　555 定时器

2.10.1　实验目的

（1）熟悉 555 定时器的原理和功能。

（2）掌握 555 定时器的应用。

2.10.2　实验设备

万用表 1 块；

直流稳压电源 1 台；

低频信号发生器 1 台；

示波器 1 台；

数字系统综合实验箱 1 台；

NE555、集成运算放大器、二极管、电阻、电位器、电容器、扬声器、发光二极管、按钮等。

2.10.3　实验原理

1）555 定时器原理

555 定时器有 TTL 和 CMOS 两种类型。一般,TTL 型的输出电流可达到 200 mA,具有很强的驱动能力,其产品型号都以 555 结尾;CMOS 型具有低功耗、高输入阻抗等优点,其产品型号都以 7555 结尾。图 2.10.1 为 555 定时器原理结构图。

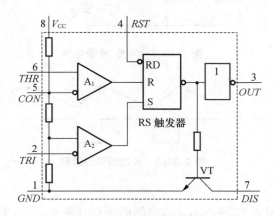

图 2.10.1　555 定时器原理结构

555 定时器是一种多用途的数字-模拟集成电路,可构成多谐振荡器、单稳态振荡器和施密特触发器,在波形的发生与变换、测量与控制、家用电器、电子玩具等领域有着广泛的用途。下面以几种实用电路为例分别加以说明。

2）构成多谐振荡器

（1）闪光、报警电路

图 2.10.2 是由 555 时基电路构成的多谐振荡器,V_{CON}(引脚 5)悬空。当输出 U_O(应为低频信号)接 a 点时是闪光电路;当输出 U_O(应为高频信号)接 b 点时是报警电路。图 2.10.3 是多谐振荡器波形图。设通电时,电容 C_1 上电压为 0,输出为高电平,放电管 VT(引脚 7 内部)截止,则电源通过 R、R_W 对 C_1 充电,V_{CON}(引脚 5)电压升高。当 V_{CON}(引脚 5)升高到大于 $2V_{CC}/3$ 时,输出变低,VT(引脚 7 内部)导通,电容 C_1 通过 R_W、VT 放电,V_{CON}(引脚 5)电压下降。当下降到小于 $V_{CC}/3$ 时,输出又变高,VT(引脚 7 内部)截止,又开始对 C_1 充电。如此周而复始,形成振荡波形。其振荡周期 $T \approx 0.7(R+2R_W)C_1$。

RST(引脚 4)为复位端,当 $RST=0$ 时,输出为 0,电路停振。V_{CON} 外接电压时,电路工作过程与上述相同,只是使输出翻转的阈值电压由 $2V_{CC}/3$、$V_{CC}/3$ 变为 V_{CON}、$V_{CON}/2$,受外接电压控制。因此,振荡频率受外接电压控制,振荡器变成了压控振荡器。当输出接有扬声器时,由于振荡频率决定了音调,因此扬声器声音的音调及变化节奏也可由电压控制,形成各种特定的声音。

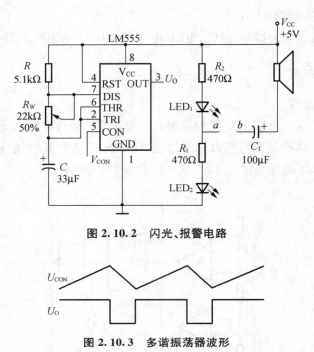

图 2.10.2　闪光、报警电路

图 2.10.3　多谐振荡器波形

（2）电子门铃

电子门铃电路如图 2.10.4 所示。该电路的核心电路是 555 定时器构成的多谐振荡器,按一下按钮,扬声器即发出"叮咚"声一次。

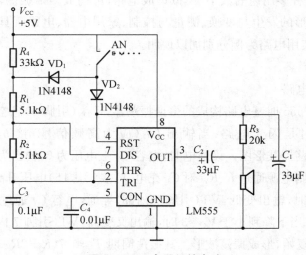

图 2.10.4　电子门铃电路

由图 2.10.4 可知,当按下按钮 AN 时,V_{CC}通过 VD_2 迅速给 C_1 充电。555 定时器的复位端电位升高为高电平,振荡器起振。振荡时 V_{CC}通过 VD_1、R_1、R_2 给 C_3 充电,再通过 R_3 和 555 定时器中的放电管 VT(引脚 7 内部)使 C_3 放电,其振荡频率为:

$$f \approx \frac{1.44}{(R_D + R_1 + 2R_2)C_3}$$

此时扬声器发出频率约为 950 Hz 的"叮…"声。松开按钮 AN 后,C_1 上存储的电荷经 R_3 和扬声器开始释放,复位端电位开始下跌,但只要其值还未下跌到门电路的转折电压,复位端电位还是高电平,振荡器仍然工作。此时 V_{CC}通过 R_4、R_1、R_2 给 C_3 充电,其振荡频率为:

$$f \approx \frac{1.44}{(R_4 + R_1 + 2R_2)C_3}$$

由于 R_4 的加入,此时的振荡频率下降,约为 300 Hz,扬声器发出"咚"声。C_1 经过短暂的放电后,其电位降到一定值,当复位端电位降为低电平,振荡器停止振荡。

3)构成单稳态触发器(触摸定时开关)

图 2.10.5 所示电路为单稳态触发器。正常时,电路处于稳定状态,输出为低电平。手触摸一下引脚 2 的引出线,即相当于在 2 脚输入一个负脉冲触发信号,使输出翻转到高电平,定时开始。图 2.10.6 为单稳态触发器的波形图。定时时间(即暂稳态持续时间)为$t_w \approx 1.1RC$。

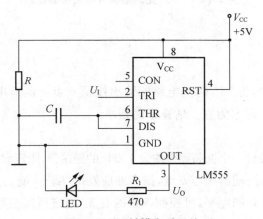

图 2.10.5　触摸定时开关

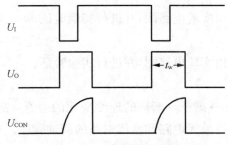

图 2.10.6　单稳态触发器波形

为使电路工作正常,必须用窄负脉冲触发电路工作。

4) 构成施密特触发器

只要将 555 定时器的引脚 2 和引脚 6 接在一起,就可以构成施密特触发器,如图 2.10.7 所示,其电压传输特性是反相的。引脚 5 悬空时,正向阈值电压和负向阈值电压分别为 $2V_{CC}/3$ 和 $V_{CC}/3$。引脚 5 接控制电压 V_{CON} 时,正向阈值电压和负向阈值电压分别为 V_{CON} 和 $V_{CON}/2$。

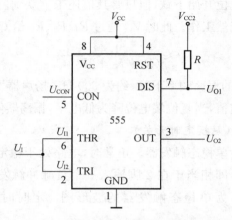

图 2.10.7　555 定时器构成施密特触发器

2.10.4　实验内容

(1) 闪光灯电路

参考图 2.10.2 接线,将 555 时基电路的输出接至 a 点。调节电位器 R_W,以改变 LED 的闪烁频率,以人眼易于观察为宜。估算振荡频率。

(2) 报警电路

① 参照图 2.10.2,设计一个振荡频率约为 1 kHz 的振荡器,限定 $R=5.1\ k\Omega$,$C=0.1\ \mu F$。

② 将 555 时基电路的输出接至 b 点,扬声器应发出“嘀”声响。

③ 改变 RST(引脚 4)的电平,可控制声音的有无,请进行实验验证。

④ 将 V_{CON} 端引出接至可调电压,感受音调随 V_{CON} 电压改变的情况。

(3) “嘀…嘀”声响器

要求自拟设计方案,画出实验电路图,并进行实验验证。

(4) “嘀嘟”声响器

要求自拟设计方案,画出实验电路图,并进行实验验证。

(5) 连续变音声响器

该声响器能够发出渐高→渐低→渐高的连续变化的声音,图 2.10.8 为参考电路框图。要求设计出单元电路,并进行单元电路和整体电路的调试验证。

(6) 电子门铃

参考图 2.10.4,将相关电阻换成电位器。调试时调节相关电位器,使按钮按下一次,扬声器发出"叮咚"音调,并调节按钮放开后"咚"声音的持续时间,直至自认为满意为止。

图 2.10.8 连续变音声响器框图

(7) 烟雾监测报警器

其功能是:当空气中的烟雾浓度超过设定值时,报警器灯光闪烁,并发出报警声。

图 2.10.9 为烟雾监测报警器取样电路图。虚框内元件为半导体烟雾传感器,元件灯丝的加热电压为 5 V,R_x 为元件体电阻。当空气中的烟雾浓度升高时,烟雾传感器的体电阻下降,取样电路的输出电压增大。实验时,取样电路的输出电压可用电位器提供。

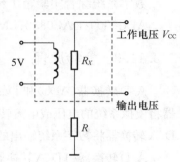

图 2.10.9 烟雾监测报警器取样电路

要求给出电路设计方案,画出电路框图和原理图,并进行实验验证。

(8) 触摸定时开关

设计一个触摸定时开关,当手触摸引线一次,灯亮 10 s,后自动熄灭。

2.10.5 实验报告

(1) 详细描述设计过程,画出实验电路图。

(2) 分析实验过程中遇到的问题,总结实验收获和体会。

2.10.6 思考题

(1) 对于"嘀…嘀"声响器,声音的节奏快慢是如何调节的? 音调的高低又是如何控制的?

(2) 比较 CMOS 型 555 定时器和 TTL 型 555 定时器的电参数。

(3) 在选用 555 定时器时主要应考虑哪些技术指标?

(4) 在触摸开关实验中,对触摸时间有何具体要求?

2.11 A/D 转换器和 D/A 转换器

2.11.1 实验目的

熟悉典型 A/D 转换器 ADC0809 和 D/A 转换器 DAC0832 的转换性能和使用方法。

2.11.2　实验设备

万用表 1 块；

直流稳压电源 1 台；

低频信号发生器 1 台；

示波器 1 台；

数字系统综合实验箱 1 台；

ADC0809、DAC0832、LM324、22 kΩ 电阻等各 1 只。

2.11.3　实验原理

A/D 转换器(ADC)和 D/A 转换器(DAC)是联系数字系统和模拟系统的桥梁。A/D 转换器将模拟系统的电压或电流转换成数值上与之成比例的二进制数,供数字设备或计算机使用；D/A 转换器将数字系统输出的数字量转换成相应的模拟电压或电流,用以控制设备。

A/D 转换器和 D/A 转换器的种类繁多,其结构和工作原理也不尽相同,关于这方面的内容请参阅有关书籍和器件手册,本实验介绍典型的 A/D 转换器 ADC0809 和 D/A 转换器 DAC0832。

1) A/D 转换器 ADC0809

(1) 逻辑结构

ADC0809 是以逐次逼近法作为转换技术的 CMOS 型 8 位单片 A/D 转换器件。它由 8 路模拟开关、8 位 A/D 转换器和三态输出锁存缓冲器三部分组成,并有与微处理器兼容的控制逻辑,可直接与微处理器接口。其内部逻辑框图见图 2.11.1,外引线排列图如图 2.11.2所示。

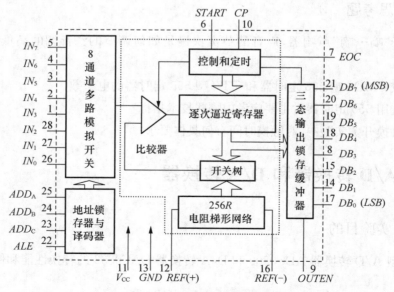

图 2.11.1　ADC0809 的逻辑框图

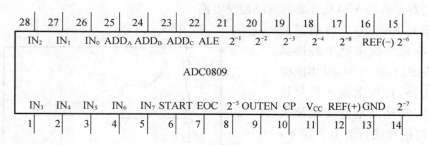

图 2.11.2 ADC0809 的引脚

（2）主要技术性能

ADC0809 的主要技术性能如下（详细电特性请查阅器件手册）：

① 分辨率为 8 位；

② 总的不可调误差为 $\pm LSB/2$ 和 $\pm LSB$；

③ 无失码；

④ 转换时间为 $100\mu s(CP=640\ kHz)$；

⑤ $+5\ V$ 单电源供电，此时模拟输入范围为 $0\sim5V$；

⑥ 具有锁存控制的 8 通道多路模拟开关；

⑦ 输出与 TTL 兼容；

⑧ 无须进行零位和满量程调整；

⑨ 器件功耗低，仅 $15\ mW$；

⑩ 可锁存三态输出；

⑪ 温度范围为 $-40\ ℃\sim85\ ℃$。

（3）工作原理

① 多路开关：具有锁存控制的 8 路模拟开关，可选通 8 路模拟输入中的任何一路模拟信号，送至 A/D 转换器，转换成 8 位数字量输出。送入地址锁存与译码器的 3 位地址码 ADD_C、ADD_B、ADD_A 与选通的模拟通道的对应关系如表 2.11.1 所示。

表 2.11.1 模拟信号选通对应关系表

地 址			被选通的模拟信号
ADD_C	ADD_B	ADD_A	
L	L	L	IN_0
L	L	H	IN_1
L	H	L	IN_2
L	H	H	IN_3
H	L	L	IN_4
H	L	H	IN_5
H	H	L	IN_6
H	H	H	IN_7

② 8 位 A/D 转换器：它是 ADC0809 的核心部分，采用逐次逼近转换技术，需要外接时钟。8 位 A/D 转换器包括一个比较器，一个带有树状模拟开关的 $256R$ 电阻分压器，一个 8

位逐次逼近寄存器(SAR)及必要的时序控制电路。

比较器是 8 位 A/D 转换器的重要部分,它最终决定整个转换器的精度。在 ADC0809 中,采用削波式比较器电路,首先把输入信号转换为交流信号,经高增益交流放大器放大后,再恢复成直流电平信号,其目的是克服漂移的影响,这大大提高了转换器的精度。

带有树状模拟开关的 256R 电阻分压器的电路如图 2.11.3 所示。其作用是将 8 位逐次逼近寄存器中的 8 位数字量转换成模拟输出电压送至比较器,与外加的模拟输入电压(经取样/保持)进行比较。

③ 时序波形:如图 2.11.4 所示。各引出端的功能见表 2.11.2。

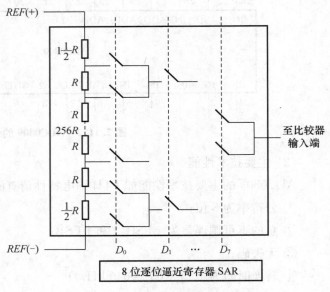

图 2.11.3　256R 电阻分压器

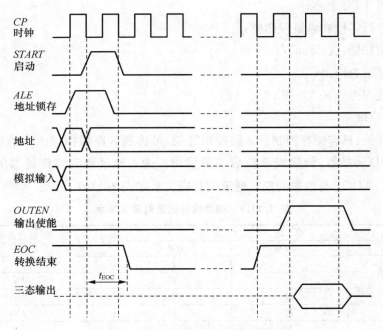

图 2.11.4　ADC0809 工作波形

表 2.11.2　ADC0809 引出端功能表

端 名	功 能
$IN_0 \sim IN_7$	8 路模拟量输入端
ADD_C、ADD_B、ADD_A	地址输入端
ALE	地址锁存输入端，ALE 上升沿时，输入地址码
V_{CC}	+5 V 单电源供电
$REF(+)REF(-)$	参考电压输入端
$OUTEN$	输出使能，$OUTEN=1$，变换结果从 $DB_7 \sim DB_0$($2^{-1} \sim 2^{-8}$)输出
$DB_7 \sim DB_0$($2^{-1} \sim 2^{-8}$)	8 位 A/D 转换结果输出端，DB_7 为 MSB，DB_0 为 LSB
CP	时钟信号输入(640 kHz)
$START$	启动信号输入端，在正脉冲作用下，当↑边沿到达时内部逐次逼近寄存器复位，在↓边沿到达后即开始转换
EOC	转换结束(中断)输出，$EOC=0$ 表示在转换，$EOC=1$ 表示转换结束。$START$ 与 EOC 连接实现连续转换，EOC 的上升沿就是 $START$ 的上升沿，EOC 的下降沿必须滞后上升沿 8 个时钟脉冲+2 μs 时间(即 t_{EOC})后才能出现。系统第一次转换必须加一个启动信号

在 ADC0809 的典型应用中，ADC0809 与微处理器之间的连接关系如图 2.11.5 所示。

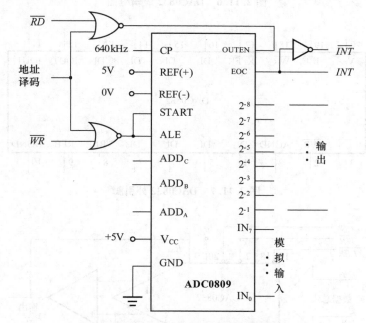

图 2.11.5　ADC0809 典型应用逻辑框图

2) D/A 转换器 DAC0832

(1) 逻辑结构

DAC0832 是用先进的 CMOS/Si-Cr 工艺制成的单片 8 位 D/A 转换器。它由 8 位输入寄存器、8 位 DAC 寄存器、8 位 D/A 转换器以及与微处理器兼容的控制逻辑等组成。

DAC0832 专用于直接和 8080、8085 及其他常见的微处理器接口相连。内部逻辑框图如图 2.11.6,外引线排列图如图 2.11.7,典型接线图如图 2.11.8。表 2.11.3 为其引出端功能表。

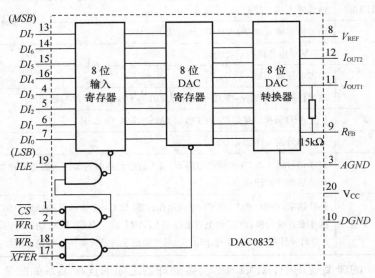

图 2.11.6　DAC0832 逻辑框图

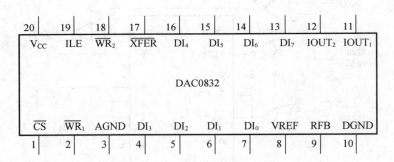

图 2.11.7　DAC0832 外引脚

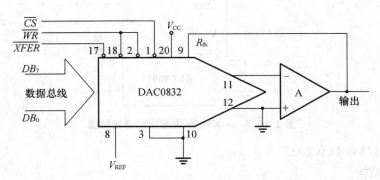

图 2.11.8　DAC0832 典型接线

表 2.11.3　DAC0832 各引出端功能表

引 脚 名	功　能
$\overline{CS}$	片选端(低电平有效),$\overline{CS}$与 ILE 结合使能$\overline{WR_1}$
ILE	输入锁存使能端,ILE 与$\overline{CS}$结合使能$\overline{WR_1}$
$\overline{WR_1}$	写入 1,将 DI 端数据送入输入寄存器
$\overline{WR_2}$	写入 2,将输入寄存器中的数据转移到 DAC 寄存器
$\overline{XFER}$	转移控制信号,$\overline{XFER}$使能$\overline{WR_2}$
$DI_7 \sim DI_0$	8 位数据输入,其中 DI_7 为 MSB,DI_0 为 LSB
I_{OUT_1}	DAC 电流输出 1,当 DAC 寄存器数字码为全 1,I_{OUT1}输出最大;为全 0,$I_{OUT1}=0$
I_{OUT_2}	DAC 电流输出 2,$I_{OUT1}+I_{OUT2}=$常量(对应于一个固定基准电压时的满量程电流值)
$R_{FB}(15\ \text{k}\Omega)$	反馈电阻,为 DAC 提供输出电压,并作为运算放大器分流反馈电阻,它在芯片内与 $R\text{-}2R$ 梯形网络匹配
V_{REF}	基准电压输入,选择范围+10 V～−10 V
V_{CC}	电源电压,+5 V～+15 V,以+15 V 时工作最佳
A_{GND}	模拟地(模拟电路部分的地),始终与 DGND 相连
D_{GND}	数字地(数字逻辑电路的地)

(2) 主要技术性能

DAC0832 的主要技术性能如下(详细电特性请查阅器件手册):

① 只需在满量程下调整其线性度;

② 可与通用微处理器直接相连;

③ 需要时可单独使用;

④ 可双缓冲、单缓冲或直通数据输入;

⑤ 每输入字为 8 位;

⑥ 逻辑电平输入与 TTL 兼容;

⑦ 电流建立时间为 1 μs;

⑧ 功耗为 20 mW;

⑨ 单电源供电为 5～15 V;

⑩ 增益温度补偿系数为 0.002%FS/℃。

(3) 工作原理

DAC0832 采用 $R\text{-}2R$ 电阻网络实现 D/A 转换。网络是由 Si-Cr 薄膜工艺形成,因而即使在电源电压 $V_{CC}=+5$ V 的情况下,参考电压 V_{REF} 仍可在 −10 V～10 V 范围内工作。DAC0832 的电阻网络与外接的求和放大器的连接关系如图 2.11.9 所示。

由图 2.11.9 可以计算出流经参考电源的电流:

$$I = \frac{V_{REF}}{R}$$

此电流每流经一个节点,即按 1/2 的关系分流,各支路的电流已在图中标出,可以得到:

$$I_{OUT1} = \frac{I}{2^8} \sum_{i=0}^{7} D_i \times 2^i$$

$$I_{OUT2} = \frac{I}{2^8} \sum_{i=0}^{7} \overline{D_i} \times 2^i$$

$$I_{OUT1} + I_{OUT2} = I = \frac{V_{REF}}{R} = 常数$$

因此,

$$U_O = -I_{OUT1}R_{fb}$$

通常 $R_{fb}=R$,则有:

$$U_O = -\frac{1}{2^8}V_{REF}\sum_{i=0}^{7}D_i \times 2^i \qquad (2.11.1)$$

可见,输出电压数值与参考电压的绝对值成正比,与输入的数字量成正比;其极性总是与参考电压的极性相反。

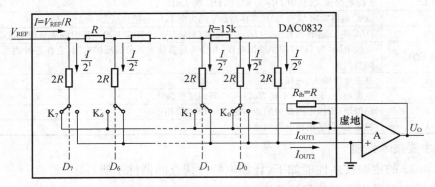

图 2.11.9　DAC0832 中的 D/A 转换电路

在图 2.11.9 的基础上再增加一级集成运算放大器,如图 2.11.10 所示,便构成双极性电压输出。这种接法的效果是数字量的最高位变成了符号位。在双极性工作方式下,参考电压也可以改变极性,这样便实现了完整的四象限乘积输出。

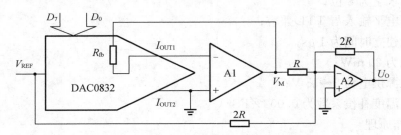

图 2.11.10　DAC0832 的双极型工作方式

将不同的输入数码代入式(2.11.1),可求得 U_O 的值如表 2.11.4 所示。

表 2.11.4　理想 U_O 值表

输入数码								理想输出 U_O	
D_7	D_6	D_5	D_4	D_3	D_2	D_1	D_0	$+V_{REF}$	$-V_{REF}$
1	1	1	1	1	1	1	1	$V_{REF}-V_{LSB}$	$-\|V_{REF}\|+V_{LSB}$
1	1	0	0	0	0	0	0	$V_{REF}/2$	$-\|V_{REF}\|/2$
1	0	0	0	0	0	0	0	0	0
0	1	1	1	1	1	1	1	$-V_{LSB}$	$+V_{LSB}$
0	0	1	1	1	1	1	1	$-\|V_{REF}\|/2-V_{LSB}$	$\|V_{REF}\|/2-V_{LSB}$
0	0	0	0	0	0	0	0	$-V_{REF}$	$+\|V_{REF}\|$

(4) 工作方式

由图 2.11.6 可见,DAC0832 内部有两个寄存器:8 位输入寄存器和 8 位 DAC 寄存器。

因此,其工作方式有三种:双缓冲工作方式、单缓冲工作方式和直通工作方式。

① 双缓冲工作方式

双缓冲工作方式可以在输出的同时采集下一个数据字,以提高转换速度。而且,在多个转换器同时工作时,能同时选出模拟量。采用双缓冲方式,必须要进行以下两步写操作:第一步写操作把数据写入 8 位输入寄存器;第二步写操作把 8 位输入寄存器的内容写入 8 位 DAC 寄存器。因此,在一个以微处理器为核心构成的系统中,需要有两个地址译码:一个是片选$\overline{CS}$,另一个是传送控制$\overline{XFER}$。微处理器与采用双缓冲工作方式的多片 DAC0832 的连接方法见图 2.11.11。

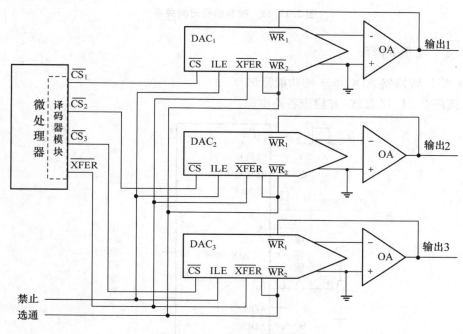

图 2.11.11 多片 DAC 的应用

② 单缓冲工作方式

采用单缓冲工作方式,可得到较大的吞吐量。此时,两个寄存器之一始终处于直通的状态,而另一个寄存器处于受控锁存器状态。

③ 直通工作方式

虽然 DAC0832 是为微机系统设计的,但也可接成完全直通的工作方式。此时,$\overline{CS}$、$\overline{WR_1}$、$\overline{WR_2}$ 和 $\overline{XFER}$ 固定接地,ILE 固定接高电平。直通工作方式可用于连续反馈控制环路中,此时由一个二进制可逆计数器来驱动,还可用在功能发生器电路中,这时可通过 ROM 连续地向 DAC0832 提供 DAC 数据。

需要注意:

① 由于 DAC0832 由 CMOS 工艺制成,故要防止静电引起的损坏,所有未用的数字量输入端应与 V_{CC} 或地短接,如果悬空,D/A 转换器将识别为"1"。

② 当用 DAC0832 与任何微处理器接口连接时,有两个很重要的时序关系一定要处理好:一是最小的$\overline{WR}$选通脉冲宽度,一般不应小于 500 ns,但若 $V_{CC} = 15$ V,也可小至 100 ns;

二是保持数据有效时间不应小于 90 ns,否则将锁存错误数据,其关系如图 2.11.12 所示。

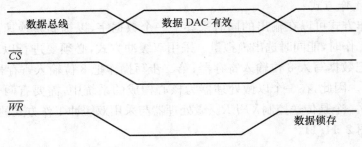

图 2.11.12　控制信号时间关系

2.11.4　实验内容

(1) A/D 转换器 ADC0809 的功能测试

① 按图 2.11.13 接线,并检查各路电源。

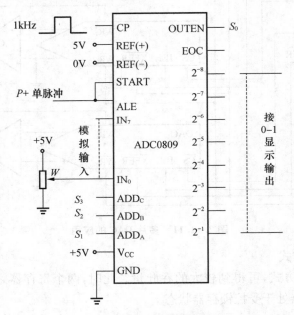

图 2.11.13　A/D 转换实验接线

② 将逻辑开关 S_1、S_2、S_3 置为"0",即将 0 通道选通,将逻辑开关 S_0 置"0",即输出不使能。

③ 调整电位器 W,使该通道输入电平为 0 V。

④ 按下"P_+"使其输出一个正脉冲,一方面通过 ALE 将转换通道地址锁入 A/D 转换器芯片,另一方面发出启动信号(START)使 A/D 转换器自动进行转换,转换结束后 EOC 输出逻辑 1。

⑤ 将逻辑开关 S_0 置"1",使 OUTEN(输出使能,高电平有效)为"1",则可在输出端读出相应转换的数码 00000000。

⑥ 调节 W,依次使输入电平为 1 V、2 V、3 V、4 V、5 V,重复上面步骤④、⑤,并将输出

的数码填入表 2.11.5 中。

⑦ 扳动 S_3、S_2、S_1，改变输入通道，重复步骤③～⑥。

表 2.11.5 A/D 转换测试结果

输入模拟电压 (V)	输出 8 位数码							
	2^{-1}	2^{-2}	2^{-3}	2^{-4}	2^{-5}	2^{-6}	2^{-7}	2^{-8}
0	0	0	0	0	0	0	0	0
1								
2								
3								
4								
5								

（2）D/A 转换器 DAC0832 的功能测试

① 按图 2.11.14 接线，并检查各路电源。注意：应将实验箱±5 V 和±10 V～15 V 的地线连接。

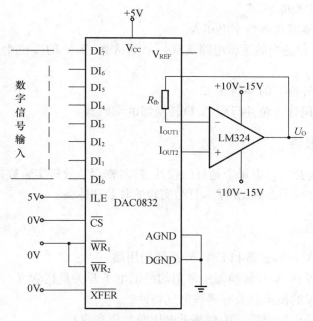

图 2.11.14 D/A 转换实验接线

② 按表 2.11.6 改变输入的数字量，用万用表测量输出的模拟电压 U_0 并填入表 2.11.6中。

表 2.11.6　D/A 转换测试结果

输入数字量								输出模拟电压 U_O(V)
DI_7	DI_6	DI_5	DI_4	DI_3	DI_2	DI_1	DI_0	
0	0	0	0	0	0	0	0	
0	0	0	0	0	0	0	1	
0	0	0	0	0	0	1	0	
0	0	0	0	0	1	0	0	
0	0	0	0	1	0	0	0	
0	0	0	1	0	0	0	0	
0	0	1	0	0	0	0	0	
0	1	0	0	0	0	0	0	
1	0	0	0	0	0	0	0	
1	1	1	1	1	1	1	1	

③ 将 D/A 转换器 DAC0832 和 A/D 转换器 ADC0809 连接,完成 D/A/D 转换功能,试画出接线图并进行实验验证。

(3) 用 A/D 转换器实现数字电压表

试用 ADC0809 和适当的逻辑电路实现一个测试 0~5 V 的 3 位十进制显示的数字电压表。

(4) 设计 A/D 转换器的编码器

试用 MSI 器件设计 4 位并行型 A/D 转换器的编码器。

2.11.5　实验报告

(1) 详细描述实验内容中每个题目的设计过程,整理并分析实验数据。

(2) 分析实验过程中遇到的问题,总结实验的收获和体会。

2.11.6　思考题

(1) 举例说明 A/D 转换器和 D/A 转换器的用途。

(2) D/A 转换器和 A/D 转换器中常用的模拟电子开关是何含义?理想的模拟开关应具备哪些特征?实际的模拟开关有哪些电气特性?

(3) D/A 转换器中的模拟开关和基准电压源如何实现?

(4) 如何理解 A/D 转换的四个过程(采样、保持、量化、编码)?

(5) A/D 转换器和 D/A 转换器的主要技术指标有哪些?如何理解这些技术指标?为什么说转换精度和转换速度是两个最重要的技术指标?

第 3 篇　提高型(设计性)实验

3 　设计性实验

本章安排了 5 个提高型设计性实验,旨在通过这 5 个实验的学习,培养学生的综合设计能力,检验学生是否能够把学到的理论知识灵活地运用到较复杂的数字电路小系统的设计中去,并使学生在基本实践技能方面得到一次系统的训练。

本章的每个实验都给出了设计举例,学生可以先通过设计举例熟悉设计方法和设计步骤,然后分析设计课题的功能要求,确定系统的总体方案和系统框图,接着用给定的元器件完成各功能模块的设计,最后连接各个模块的电路,画出整机逻辑电路图。对于设计好的电路图,应先进行仿真,检查是否满足功能要求,再搭接电路进行实验验证。

经过这 5 个实验的练习,学生可初步掌握数字电路小系统的分析和设计方法,能够熟练使用 Protel 等工具软件设计原理图,提高电路布局、布线、调试和排除故障的能力,学会如何选用元器件和如何撰写设计报告。

3.1　篮球竞赛 24 s 定时器的设计

3.1.1　设计目的

掌握定时器的工作原理及设计方法。

3.1.2　设计任务

1) 设计课题

设计一个篮球竞赛 24 s 定时器。

2) 功能要求

(1) 设计一个定时器,定时时间为 24 s,按递减方式计时,每隔 1 s 定时器减 1,能以数字形式显示时间。

(2) 设置两个外部控制开关,控制定时器的启动/复位计时、暂停/连续计时。

(3) 当定时器递减计时到 0(即定时时间到)时,定时器保持 0 不变,同时发出声光报警信号。

提示:用较高频率的矩形波信号(例如 1 kHz)驱动扬声器时,扬声器才会发声。

3) 设计步骤与要求

(1) 拟定定时器的组成框图。

(2) 设计定时器的整机电路。

(3) 安装各单元电路,要求布线整齐、美观,便于级联与调试。

(4) 调试各单元电路,接着进行联调联试,测试定时器的逻辑功能。

(5) 撰写设计报告。

4) 给定的主要元器件

74LS00、74LS90、74LS191、CD4511BC 各两片,74LS192、NE555 各一片,共阴极显示器、发光二极管各两只,电阻、电容、扬声器等。

3.1.3 设计举例

下面以篮球竞赛 30 s 定时器的设计为例,说明定时器的设计方法与过程。

1) 定时器的功能要求

(1) 具有显示 30 s 计时功能;

(2) 设置外部操作开关,控制计时器的直接清零、启动和暂停/连续功能;

(3) 计时器为 30 s 递减计时器,其时间间隔为 1 s;

(4) 计时器递减计时到 0 时,数码显示器不能灭灯,同时发出光电报警信号。

2) 定时器的组成框图

根据设计要求,用计数器对 1 Hz 时钟信号进行计数,其计数值即为定时时间,计数器初值为 30,按递减方式计数,递减到 0 时,输出报警信号,并能控制计数器暂停/连续计数,所以需设计一个可预置初值的带使能控制端的递减计数器,于是绘制原理框图如图 3.1.1所示。

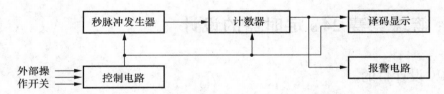

图 3.1.1 30 s 定时器的总体参考方案框图

该定时器包括秒脉冲发生器、计数器、译码显示电路、辅助时序控制电路(简称控制电路)和报警电路等五个部分。其中,计数器和控制电路是系统的主要部分。计数器完成 30 s计时功能,而控制电路具有直接控制计数器的直接清零、启动计数、暂停/连续计数、定时时间到报警等功能。报警电路在实验中可用发声二极管代替。

3) 定时器的电路设计

(1) 8421 BCD 码三十进制递减计数器的设计

8421 BCD 码三十进制递减计数器由 74LS192 构成,如图 3.1.2 所示。三十进制递减计数器的预置数为 $N = (0011\ 0000)_{8421BCD} = (30)_D$,电路采用串行进位级联。其计数原理是,每当低位计数器的 BO_1 端发出负跳变借位脉冲时,高位计数器减 1 计数。当高、低位计数器处于全 0,同时在 $CP_D = 0$ 期间,高位计数器 $BO_2 = LD_2 = 0$,计数器完成异步置数,之后 $BO_2 = LD_2 = 1$,计数器在 CP_D 时钟脉冲作用下,进入下一轮减计数。

（2）时序控制电路的设计

为了满足系统的设计要求，在设计控制电路时，应正确处理各个信号之间的时序关系，时序控制电路要完成以下功能：在操作直接清零开关时，要求计数器清零，数码显示器灭灯；当启动开关闭合时，控制电路应封锁时钟信号 CP（秒脉冲信号），同时，计数器完成置数功能，译码显示电路显示 30 s 字样；当启动开关断开时，计数器开始计数；当暂停/连续开关拨至暂停位置上时，计数器停止计数，处于保持状态；当暂停/连续开关拨至连续时，计数器继续累计计数；另外，外部操作开关都应采取去抖动措施，以防止机械抖动造成电路工作不稳定。

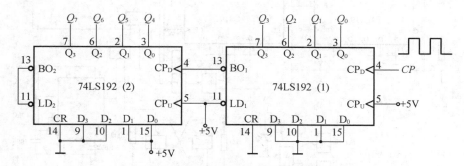

图 3.1.2　8421 BCD 码三十进制递减计数器

根据上述要求，设计的时序控制电路如图 3.1.3 所示。图中，与非门 G_2、G_4 的作用是控制时钟信号 CP 的放行与禁止，当 G_4 输出为 1 时，G_2 关闭，封锁 CP 信号；当 G_4 输出为 0 时，G_2 打开，放行 CP 信号，而 G_4 的输出状态又受外部操作开关 S_1、S_2（即启动、暂停/连续开关）的控制。

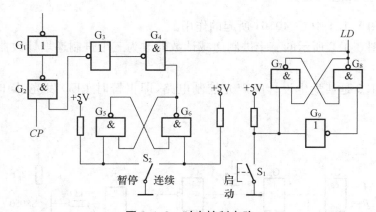

图 3.1.3　时序控制电路

秒脉冲发生器电路的时钟脉冲和定时标准，但本设计对此信号要求并不太高，可采用 555 集成电路或由 TTL 与非门组成的多谐振荡器构成。译码显示电路用 74LS48 和共阴极七段 LED 显示器组成。

（3）整机电路设计

在完成各个单元电路设计后，可以得到篮球竞赛 30s 定时器的完整逻辑电路图，如图 3.1.4 所示。

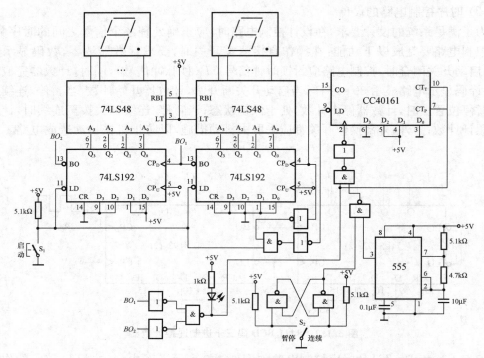

图 3.1.4　篮球竞赛 30 s 定时器逻辑电路

3.1.4　实验和思考题

（1）说明图 3.1.4 中 CC40161 所起的作用。

（2）试将图 3.1.2 所示的三十进制递减计数器改为三十进制递增计数器，并进行实验验证。

（3）图 3.1.5 是某学生设计的声光控制电路，即报警时 LED 发光，同时扬声器发出 1 kHz 的声响。

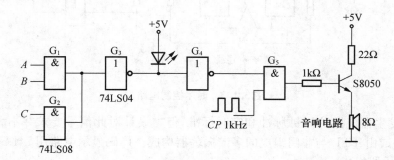

图 3.1.5　声光控制电路

① 试改正图中存在的错误，并说明错误的原因。

② 原理图改正以后，请判断当 A、B、C 这三个信号满足什么条件时，电路才能实现声光同时报警的功能？

3.2　汽车尾灯控制电路的设计

3.2.1　设计目的

掌握汽车尾灯控制电路的设计方法、安装与调试技术。

3.2.2　设计任务

1) 设计课题

设计一个汽车尾灯控制电路。

2) 功能要求

汽车驾驶室一般有刹车开关、左转弯开关和右转弯开关,司机通过操作这三个开关控制汽车尾灯的显示状态,以表明汽车当前的行驶状态。假设汽车尾部左、右两侧各有三个指示灯(用发光二极管(LED)模拟),要求设计一个电路能实现以下功能:

(1) 汽车正常行驶时,尾部两侧的六个指示灯全灭。

(2) 汽车刹车时,尾部两侧的指示灯全亮。

(3) 右转弯时,右侧三个指示灯为右顺序循环点亮,频率为 1 Hz,左侧灯全灭。

(4) 左转弯时,左侧三个指示灯为左顺序循环点亮,频率为 1 Hz,右侧灯全灭。

(5) 右转弯刹车时,右侧三个尾部灯顺序循环点亮,左侧灯全亮;左转弯刹车时左侧三个尾部灯顺序循环点亮,右侧灯全亮。

(6) 倒车时,尾部两侧的六个指示灯随 CP 时钟脉冲同步闪烁。

(7) 用七段数码显示器分别显示汽车的七种工作状态,即正常行驶、刹车、右转弯、左转弯、右转弯刹车、左转弯刹车和倒车。

3) 设计步骤与要求

(1) 拟定设计方案,画出逻辑电路图。

(2) 电路安装与调试,检验、修正电路的设计方案,记录实验现象。

(3) 画出经实验验证的逻辑电路图,标明元器件型号与引脚名称。

(4) 撰写设计报告。

4) 给定的主要元器件

74LS00 2 片,74LS161、74LS138、NE555、74LS76 各 1 片,LED 等。

3.2.3　设计举例

1) 设计要求

设计一个汽车尾灯控制电路,实现对汽车尾灯显示状态的控制。假设汽车尾部左右两侧各有三个指示灯(用 LED 模拟),根据汽车运行情况,指示灯有四种不同的状态:

(1) 汽车正常运行时,左右两侧的指示灯全部处于熄灭状态。

(2) 汽车右转弯时,右侧三个指示灯按右循环顺序点亮,左侧的指示灯熄灭。

(3) 汽车左转弯时,左侧三个指示灯按左循环顺序点亮,右侧的指示灯熄灭。

（4）汽车临时刹车时，所有指示灯同时闪烁。

2）总体组成框图

由于汽车尾灯有四种不同的状态，故可以用两个开关变量进行控制。假定用开关 S_1 和 S_0 进行控制，由此可以列出汽车尾灯与汽车运行状态表，如表 3.2.1 所示。

表 3.2.1　尾灯和汽车运行状态关系表

开关控制		运行状态	左尾灯	右尾灯
S_1	S_0		$D_4 D_5 D_6$	$D_1 D_2 D_3$
0	0	正常运行	灯　灭	灯　灭
0	1	右转弯	灯　灭	按 $D_1 D_2 D_3$ 顺序循环点亮
1	0	左转弯	按 $D_4 D_5 D_6$ 顺序循环点亮	灯　灭
1	1	临时刹车	所有的尾灯随时钟 CP 同时闪烁	

由于汽车左右转弯时三个指示灯循环点亮，所以用一个三进制计数器的输出去控制译码电路顺序输出低电平，从而控制尾灯按要求点亮。假定三进制计数器的状态用 Q_1、Q_0 表示，由此得出在每种运行状态下，各指示灯与给定条件（S_1、S_0、CP、Q_1、Q_0）的关系即逻辑功能如表 3.2.2 所示（表中 0 表示灯灭状态，1 表示灯亮状态）。由表 3.2.2 得出总体框图，如图 3.2.1 所示。

表 3.2.2　汽车尾灯控制逻辑功能表

开关控制		三进制计数器		6 个指示灯					
S_1	S_0	Q_1	Q_0	D_6	D_5	D_4	D_1	D_2	D_3
0	0	$\times$	$\times$	0	0	0	0	0	0
		0	0	0	0	0	1	0	0
0	1	0	1	0	0	0	0	1	0
		1	0	0	0	0	0	0	1
		0	0	0	0	1	0	0	0
1	0	0	1	0	1	0	0	0	0
		1	0	1	0	0	0	0	0
1	1	$\times$	$\times$	CP	CP	CP	CP	CP	CP

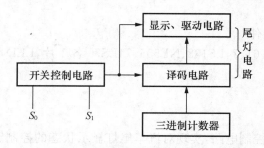

图 3.2.1　汽车尾灯控制电路原理框图

3）电路设计

（1）汽车尾灯电路设计

三进制计数器电路可由双 JK 触发器 74LS76 构成,读者可根据表 3.2.2 自行设计。

汽车尾灯电路如图 3.2.2 所示,其中显示驱动电路由 6 个 LED 和 6 个反相器构成,译码电路由 3—8 线译码器 74LS138 和 6 个与非门构成。74LS138 的 3 个输入端 A_2、A_1、A_0 分别接 S_1、Q_1、Q_0,而 Q_1、Q_0 是三进制计数器的输出端。

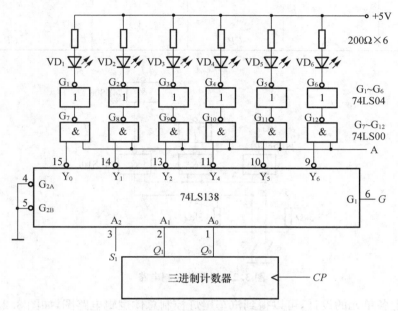

图 3.2.2　汽车尾灯电路

当 $S_1=0$、使能信号 $A=G=1$,三进制计数器的状态为 00、01、10 时,74LS138 对应的输出端 Y_0、Y_1、Y_2 依次为 0 有效(Y_4、Y_5、Y_6 信号为"1"无效),即反相器 $G_1\sim G_3$ 的输出端也依次为 0,故指示灯 $VD_1\rightarrow VD_2\rightarrow VD_3$ 按顺序点亮,示意汽车右转弯。若上述条件不变,而 $S_1=1$,则 74LS138 对应的输出端 Y_4、Y_5、Y_6 依次为 0 有效,即反相器 $G_4\sim G_6$ 的输出端依次为 0,故指示灯 $VD_4\rightarrow VD_5\rightarrow VD_6$ 按顺序点亮,示意汽车左转弯。当 $G=0,A=1$ 时,74LS138 的输出端全为 1,$G_6\sim G_1$ 的输出端也全为 1,指示灯全灭;当 $G=0,A=CP$ 时,指示灯随 CP 的频率变化而闪烁。

(2) 开关控制电路设计

设 74LS138 和显示驱动电路的使能端信号分别为 G 和 A,根据总体逻辑功能表分析及组合得 G、A 与给定条件(S_1、S_0、CP)的真值表如表 3.2.3 所示。

由表 3.2.3 经过整理得逻辑表达式为:

$$G=S_1\oplus S_0$$

$$A=\overline{S_1S_0}+S_1S_0CP=\overline{\overline{S_1S_0}\cdot\overline{S_1S_0CP}}$$

由上式得到开关控制电路,如图 3.2.3 所示。

表 3.2.3 S_1、S_0、CP 与 G、A 逻辑功能表

开关控制		CP	使能信号	
S_1	S_0		G	A
0	0	×	0	1
0	1	×	1	1
1	0	×	1	1
1	1	CP	0	CP

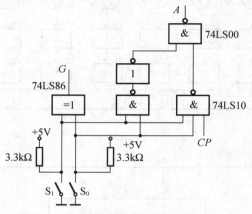

图 3.2.3 开关控制电路

总结以上各单元的设计,可以得到汽车尾灯控制总体逻辑电路图,如图 3.2.4 所示。

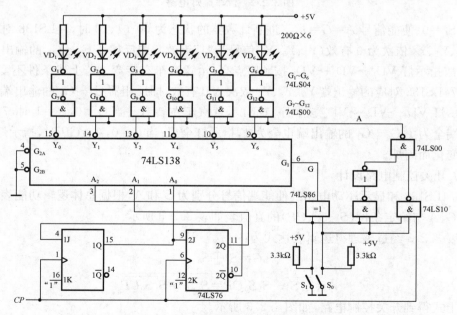

图 3.2.4 汽车尾灯总体逻辑电路

3.2.4 实验和思考题

(1) 在汽车尾灯控制电路的调试过程中遇到了哪些电路故障？是如何排除的？

(2) 在图 3.2.4 中，如果用三进制减法计数器取代三进制加法计数器，会出现什么现象？请进行实验验证。

3.3 彩灯循环控制器的设计

3.3.1 设计目的

掌握彩灯循环控制器的设计方法、设计思路及装调技术。

3.3.2 设计任务

1）设计课题

设计一个 8 路彩灯循环控制系统。

2）功能要求

(1) 彩灯为 8 路，可由 LED 代替。

(2) 彩灯亮灭变换节拍为 0.25 s 和 0.5 s，两种节拍交替运行。

(3) 彩灯演示花型为三种（花型自拟）。

3）设计步骤与要求

(1) 拟定 8 路循环彩灯控制器的组成框图。

(2) 设计 8 路循环彩灯控制器的整机电路。

(3) 安装各单元电路，要求布线整齐、美观，便于级联与调试。

(4) 调试各单元电路，接着进行联调联试，测试彩灯控制器的逻辑功能。

(5) 撰写设计报告。

4）设计提示

彩灯控制器的简易原理框图如图 3.3.1 所示。图中虚线以上为处理器，虚线以下是控制器。

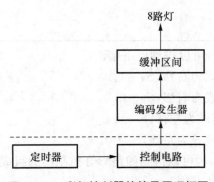

图 3.3.1 彩灯控制器的简易原理框图

从图 3.3.1 中可以看出,编码发生器的功能是根据花型要求按节拍送出 8 位状态编码信号,以便控制灯的亮、灭。其电路可以选用 4 位双向移位寄存器来实现。8 路灯用 2 片移位寄存器级联就可以实现。缓冲驱动电路的功能是提供彩灯所需的工作电压和电流,隔离负载对编码发生器的影响。如果彩灯是用 LED 代替,缓冲区可舍掉。彩灯控制器对定时电路的要求不高,振荡器可采用环型振荡器或采用 555 定时器实现。控制电路为编码发生器提供所需要的节拍脉冲和控制信号,以同步整个系统的工作。

5) 给定的主要元器件

74LS00、74LS04、74LS161、74LS194、74LS153 各 2 片,电阻、电容等。

3.3.3　设计举例

下面以一个四路彩灯循环控制器的设计为例,说明彩灯循环控制器的设计方法与过程。

1) 设计要求

设计一个四路彩灯循环控制器,组成两种花型,每种花型循环一次,两种花型轮流交替。假设选择下列两种花型:

(1) 花型 1:从左到右顺序亮,全亮后再从左到右顺序灭。

(2) 花型 2:从右到左顺序亮,全亮后再从右到左顺序灭。

2) 总体组成框图

根据设计要求和备选元器件,彩灯循环电路可以选用 4 位双向移位寄存器 74LS194 实现。根据选定的花型,可列出移位寄存器的输出状态编码,见表 3.3.1。

表 3.3.1　输出状态编码

花型 1		花型 2	
基本节拍	输出状态编码	基本节拍	输出状态编码
0	0000	8	0000
1	1000	9	0001
2	1100	10	0011
3	1110	11	0111
4	1111	12	1111
5	0111	13	1110
6	0011	14	1100
7	0001	15	1000

通过对表 3.3.1 的分析,可以得到以下结论:

(1) 0～3 节拍,工作模式为右移,$S_R = 1$。

(2) 4～7 节拍,工作模式为右移,$S_R = 0$。

(3) 8～11 节拍,工作模式为左移,$S_L = 1$。

(4) 12～15 节拍,工作模式为左移,$S_L = 0$。

根据以上分析和表 3.3.1,可以得到四路彩灯控制器的组成框图,如图 3.3.2 所示。

3) 电路设计

首先列出 74LS194 的控制激励情况,如表 3.3.2 所示。

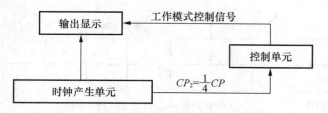

图 3.3.2　彩灯控制器电路框图

表 3.3.2　74LS194 控制激励表

CP_2	工作方式	激 励			CP_2	工作方式	激 励		
		$S_1 S_0$	S_R	S_L			$S_1 S_0$	S_R	S_L
1	右移	01	1	×	3	左移	10	×	1
2	右移	01	0	×	4	左移	10	×	0

对电路工作情况进行分析,每隔 4 个基本时钟节拍 CP_1,74LS194 的工作模式改变一次,因此控制单元的时钟频率为提供给 74LS194 工作的频率的 1/4,在时钟产生单元需要一个四分频器,为控制单元提供时钟节拍。四分频器可用 74LS191 的低 2 位来实现,参考电路如图 3.3.3 所示。

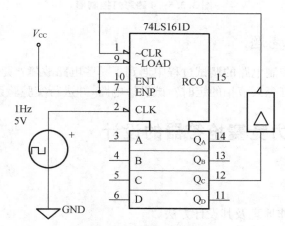

图 3.3.3　四分频器电路

控制单元电路的输入与输出可用表 3.3.3 表示。

表 3.3.3　控制单元电路的输入与输出

74LS161 的低 2 位计数输出		74LS194 需要的相应激励			
Q_B	Q_A	S_1	S_0	S_R	S_L
0	0	0	1	1	×
0	1	0	1	0	×
1	0	1	0	×	1
1	1	1	0	×	0

列出 S_1、S_0、S_R、S_L 关于 Q_B、Q_A 的卡诺图如图 3.3.4 所示。

得到 S_1、S_0、S_R、S_L 关于 Q_B、Q_A 的逻辑表达式分别为:$S_1 = Q_B$,$S_0 = \overline{Q_B}$,$S_R = \overline{Q_A}$,$S_L = \overline{Q_A}$。

总结以上各单元的设计,可以得到 4 路彩灯控制器的总体逻辑电路图,如图 3.3.5 所示。

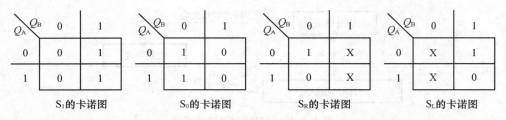

图 3.3.4　卡诺图

S_1的卡诺图　　S_0的卡诺图　　S_R的卡诺图　　S_L的卡诺图

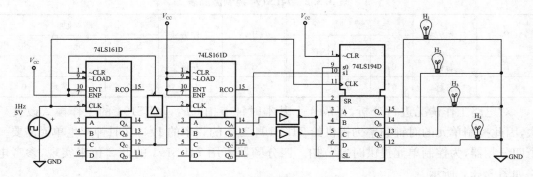

图 3.3.5　4 路彩灯控制器

3.3.4　实验和思考题

（1）在彩灯循环控制电路的调试过程中遇到了哪些电路故障？是如何排除的？

（2）如何实现彩灯亮灭节拍的定时？试设计电路，并进行实验验证。

3.4　多路智力竞赛抢答器的设计

3.4.1　设计目的

掌握抢答器的工作原理及其设计方法。

3.4.2　设计任务

1）设计课题

设计一个多路智力竞赛抢答器。

2）功能要求

设计一个智力竞赛抢答器，可同时支持 15 名选手参加比赛，并具有定时抢答功能。

3）设计步骤与要求

（1）拟定竞赛抢答器的组成框图。

（2）设计竞赛抢答器的整机电路。

（3）安装各单元电路，要求布线整齐、美观，便于级联与调试。

（4）调试各单元电路，接着进行联调联试，测试竞赛抢答器的逻辑功能。

（5）撰写设计报告。

4）给定的主要元器件

74LS00、74LS121 各 1 片，74LS48 4 片，74LS148、74LS279、74LS192、NE555 各 2 片，LED 2 只，共阴极显示器 4 只。

3.4.3　设计举例

1）抢答器的功能要求

（1）基本功能

① 设计一个智力竞赛抢答器，可同时供 8 名选手或 8 个代表队，其编号分别是 0、1、2、3、4、5、6、7，各用一个抢答按钮，按钮的编号与选手的编号相对应，分别是 S_0、S_1、S_2、S_3、S_4、S_5、S_6、S_7。

② 给节目主持人设置一个控制开关，用来控制系统的清零（编号显示数码管灭灯）和抢答的开始。

③ 抢答器具有数据锁存和显示的功能。抢答开始后，若有选手按动抢答器按钮，编号立即锁存，并在 LED 上显示出选手的编号，同时扬声器给出音响提示。此外，要封锁输入电路，禁止其他选手抢答，优先抢答选手的编号一直保持到主持人将系统清零为止。

（2）扩展功能

① 抢答器具有定时抢答的功能，且一次抢答的时间可以由主持人设定（如 20 s）。当节目主持人启动"开始"键后，要求定时器立即减计时，并用显示器显示，同时扬声器发出短暂的声响，声响时间持续 0.5 s 左右。

② 参赛选手在设定的时间内抢答，抢答有效，定时器停止工作，显示器上显示选手的编号和抢答时刻的时间，并保持到主持人将系统清零为止。

③ 如果定时抢答的时间已到，却没有选手抢答时，本次抢答无效，系统短暂报警，并封锁输入电路，禁止选手超时后抢答，时间显示器上显示 00。

2）抢答器的组成框图

抢答器的总体框图如图 3.4.1 所示，由主体电路和扩展电路两部分组成。主体电路完成基本的抢答功能，即开始抢答后，当选手按动抢答键时，能显示选手的编号，同时能封锁输入电路，禁止其他选手抢答。扩展电路完成定时抢答的功能。

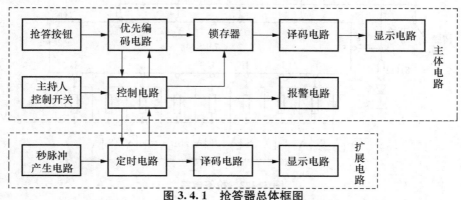

图 3.4.1　抢答器总体框图

图 3.4.1 所示抢答器的工作过程是：接通电源时，节目主持人将开关置于"清除"位置，抢答器处于禁止状态，编号显示器灭灯，定时显示器显示设定的时间，当节目主持人宣布抢答题

目后,说一声"抢答开始",同时将控制开关拨至"开始"位置,扬声器给出声响提示,抢答器处于工作状态,定时器倒计时。当定时时间到,却没有选手抢答时,系统报警并封锁输入电路,禁止选手超时后抢答。当选手在定时时间内按动抢答键时,抢答器要完成以下四项工作:

(1) 优先编码电路立即分辨出抢答者的编号,并由锁存器进行锁存,然后由译码显示电路显示编号;

(2) 扬声器发出短暂声响,提醒节目主持人注意;

(3) 控制电路要对输入编码电路进行封锁,避免其他选手再次进行抢答;

(4) 控制电路要使定时器停止工作,时间显示器上显示剩余的抢答时间,并保持到主持人将系统清零为止。

当选手将问题回答完毕后,主持人操作控制开关,使系统回复到禁止工作状态,以便进行下一轮抢答。

3) 电路设计

(1) 抢答电路设计

抢答电路的功能有两个:一是能分辨出选手按键的先后,并锁存优先抢答者的编号,供译码显示电路用;二是要使其他选手的按键操作无效。选用优先编码器 74LS148 和 RS 锁存器 74LS279 可以完成上述功能,其电路组成如图 3.4.2 所示。

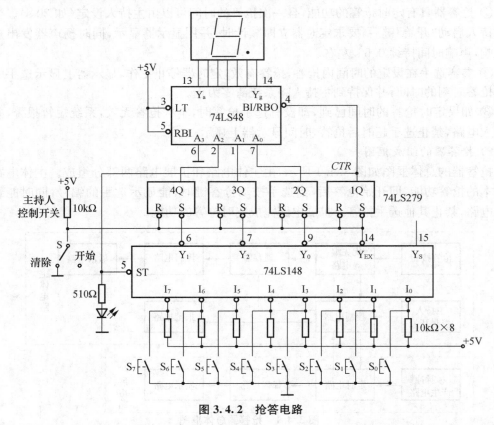

图 3.4.2 抢答电路

其工作原理是:当主持人控制开关处于"清除"位置时,RS 触发器的 R 端为低电平,输出端($4Q \sim 1Q$)全部为低电平。于是 74LS48 的 BI=0,显示器灭灯;74LS148 的选通输入端

ST＝0，74LS148处于工作状态，此时锁存电路不工作。当主持人开关拨到"开始"位置时，优先编码电路和锁存电路同时处于工作状态，即抢答器处于等待工作状态，等待输入端I_7～I_0输入信号；当有选手将键按下时（即按下S_5），74LS148的输出$Y_2Y_1Y_0＝010$，$Y_{EX}＝0$，经RS锁存器后，$CTR＝1$，$BI＝1$，74LS279处于工作状态，$4Q3Q2Q＝101$，经74LS48译码后，显示器显示出"5"。此外，$CTR＝1$，使74LS148的ST端为高电平，74LS148处于禁止工作状态，封锁了其他按键的输入。当按下的键松开后，74LS148的Y_{EX}为高电平，但由于CTR维持高电平不变，所以74LS148仍处于禁止工作状态，其他按键的输入信号不会被接收。这就保证了抢答者的优先性以及抢答电路的准确性。当优先抢答者回答完问题后，由主持人操作控制开关S，使抢答电路复位，以便进行下一轮抢答。

（2）定时电路设计

节目主持人根据抢答题的难易程度，设定一次抢答的时间，可以选用有预置数功能的十进制同步加/减计数器74LS194进行设计，具体电路从略，读者可以参照3.1节自行设计。

（3）报警电路设计

由555定时器和三极管构成的报警电路如图3.4.3所示。其中，555定时器构成多谐振荡器，振荡频率为：

$$f_0＝\frac{1}{(R_1＋2R_2)C\ln 2}\approx\frac{1.43}{(R_1＋2R_2)C}$$

其输出信号经三极管推动扬声器。PR为控制信号，当PR为高电平时，多谐振荡器工作，反之，电路停振。

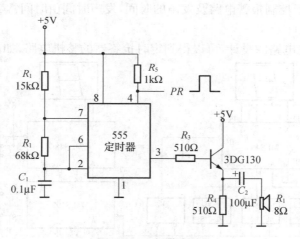

图 3.4.3 报警电路

（4）时序控制电路设计

时序控制电路是抢答器设计的关键，它要完成以下三项功能：

① 主持人将控制开关拨到"开始"位置时，扬声器发声，抢答电路和定时电路进入正常抢答工作状态。

② 当参赛选手按动抢答键时，扬声器发声，抢答电路和定时电路停止工作。

③ 当设定的抢答时间到，无人抢答时，扬声器发声，同时抢答电路和定时电路停止工作。

根据上面的功能要求及图3.4.2，设计的时序控制电路如图3.4.4所示。图中，门G_1的作用是控制时钟信号CP的放行与禁止，门G_2的作用是控制74LS148的输入使能端 ST。

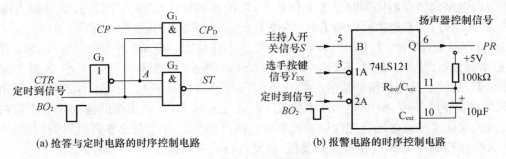

(a) 抢答与定时电路的时序控制电路   (b) 报警电路的时序控制电路

图 3.4.4 时序控制电路

图 3.4.4(a)的工作原理是：主持人控制开关从"清除"位置拨到"开始"位置时，来自图 3.4.2 中的 74LS279 的输出 $CTR=0$，经 G_3 反相，$A=1$，则从 555 定时器输出端的时钟信号 CP 能够加到 74LS192 的 CP_D 时钟输入端，定时电路进行递减计时。同时，在定时时间未到时，定时到信号 $BO_2=1$，门 G_2 的输出 $ST=0$，使 74LS148 处于正常工作状态，从而实现功能①的要求。当选手在定时时间内按动抢答键时，$CTR=1$，经 G_3 反相，$A=0$，封锁 CP 信号，定时器处于保持工作状态；同时，门 G_2 的输出 $ST=1$，74LS148 处于禁止工作状态，从而实现功能②的要求。当定时时间到时，$BO_2=0$，$ST=1$，74LS148 处于禁止工作状态，禁止选手进行抢答。同时，门 G_1 处于关门状态，封锁 CP 信号，使定时电路保持 00 状态不变，从而实现功能③的要求。

图 3.4.4(b)用于控制报警电路及发声的时间，发声时间由时间常数 RC 决定。

(5) 整机电路设计

经过以上各单元电路的设计，可以得到定时抢答器的整机电路，如图 3.4.5 所示。

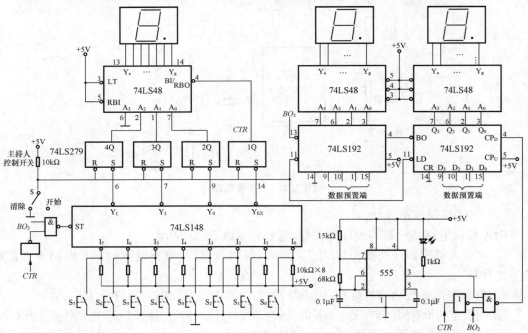

图 3.4.5 定时抢答器的主体逻辑电路

3.4.4 实验和思考题

（1）在数字抢答器中，如何将序号为 0 的组号在七段显示器上改为显示 8？

（2）在图 3.4.2 中，74LS148 的输入使能信号 ST 为何要用 CTR 进行控制？如果改为主持人控制开关信号 S 和 Y_{EX} 相"与"去控制 ST，会出现什么问题？

（3）试分析图 3.4.4（b）报警电路的时序控制电路的工作原理，并计算扬声器发声的时间。

（4）定时抢答器的扩展功能还有哪些？举例说明，设计电路并进行实验验证。

3.5 简易数字频率计的设计

频率计是用来测量各种信号频率的仪器，一般要求它能直接测量方波、三角波、尖峰波、正弦波等信号的频率。对于一些非电量"频率"的测量，如电动机的转速、行驶中车轮转动的速度、自动流水生产线上单位时间内传送装配零件的个数等，可通过特定的传感器，如光电传感器，将这些非电量的"频率"转换成电信号的频率，再用频率计显示出来。不过，此时计量"频率"的装置一般不叫频率计，而叫转速表、里程计、计数器等专用名词，但其实质仍是一个频率计。

本节所设计制作的频率计属于简易型，但通过本装置的设计，可以领略此类装置的基本工作原理和电路的设计方法。

3.5.1 设计目的

（1）了解数字频率计测频和测周期的基本原理。

（2）熟练掌握数字频率计的设计与调试方法及减小测量误差的方法。

3.5.2 设计任务

1）设计课题

设计一个简易数字频率计。

2）功能要求

（1）频率测量范围为 1 Hz～1 MHz，分三挡：

① ×1 挡为 1 Hz～10k Hz；

② ×10 挡为 10～100 kHz；

③ ×100 挡为 100kHz～1MHz。

（2）频率准确度 $\dfrac{\Delta f_x}{f_x} \leqslant \pm 2 \times 10^{-3}$；

（3）能测量幅度 0.2～5 V 的方波、三角波和正弦波的频率。

3）设计步骤与要求

（1）拟定数字频率计的组成框图。

（2）设计数字频率计的整机电路。

（3）安装各单元电路，要求布线整齐、美观，便于级联与调试。

（4）调试各单元电路，接着进行联调联试，检测数字频率计是否满足功能要求。

（5）撰写设计报告。

4）给定的主要元器件

74LS123、74LS92、74LS74、74LS151、74LS138、NE555、3DG100 各 1 片（只），74LS273、74LS00 各 2 片，74LS48 4 片，74LS90 6 片，数码显示器 BS202 4 只。

3.5.3　设计举例

1）数字频率计的功能要求

（1）频率测量范围：1～99.99 kHz，分两挡：

① ×1 挡为 1～9.999 Hz；

② ×10 挡为 10～99.99 kHz；

（2）频率准确度 $\dfrac{\Delta f_x}{f_x}\leqslant\pm2\times10^{-3}$。

（3）能测量幅度 0.2～5 V 的方波、三角波和正弦波的频率。

2）数字频率计的组成框图

（1）数字频率计测频的基本原理

所谓频率，就是周期性信号在单位时间（1 s）内变化的次数。若在一定时间间隔 T 内测得这个周期性信号的重复变化次数为 N，则其频率可表示为 $f=N/T$。

图 3.5.1(a)是数字频率计的组成框图。

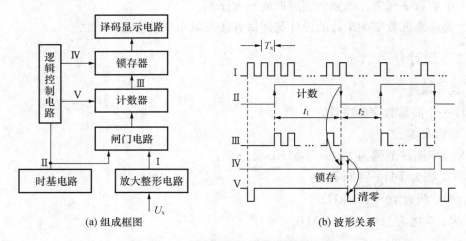

(a) 组成框图　　　　　　　　　(b) 波形关系

图 3.5.1　数字频率计的组成框图和波形

被测信号 U_x 经放大整形电路变成计数器所要求的脉冲信号Ⅰ，其频率与被测信号的频率 f_x 相同。时基电路提供标准时间基准信号Ⅱ，其高电平持续时间 $t_1=1$ s，当 1 s 信号来到时，闸门开通，被测脉冲信号通过闸门，计数器开始计数，直到 1 s 信号结束时闸门关闭,停止计数。若在闸门时间 1 s 内计数器计得的脉冲个数为 N,则被测信号频率 $f_x = N$ (Hz)。逻辑控制电路的作用有两个:一是产生锁存脉冲Ⅳ,使显示器上的数字稳定;二是产生清零脉冲Ⅴ,使计数器每次测量从 0 开始计数。各信号之间的时序关系如图 3.5.1(b) 所示。

(2) 数字频率计的主要技术指标

① 频率准确度

一般用相对误差来表示,即

$$\frac{\Delta f_x}{f_x} = \frac{1}{Tf_x} + \left| \frac{\Delta f_c}{f_c} \right|$$

式中:

$$\frac{1}{Tf_x} = \frac{\Delta N}{N} = \pm \frac{1}{N}$$

为量化误差(即±1 个字误差),是数字仪器所特有的误差,当闸门时间 T 选定后,f_x 越低,量化误差越大;

$$\frac{\Delta f_c}{f_c} = \frac{\Delta T}{T}$$

为闸门时间相对误差,主要由时基电路标准频率的准确度决定,

$$\frac{\Delta f_c}{f_c} \ll \frac{1}{Tf_x}$$

② 频率测量范围

在输入电压符合规定要求值时,能够正常进行测量的频率区间称为频率测量范围。频率测量范围主要由放大整形电路的频率响应决定。

③ 数字显示位数

频率计的数字显示位数决定了频率计的分辨率。位数越多,分辨率越高。

④ 测量时间

是指频率计完成一次测量所需要的时间,包括准备、计数、锁存和复位时间。

3) 电路设计与调试

(1) 基本电路设计

① 放大整形电路

放大整形电路由三极管 3DG100、与非门 74LS00 等组成。其中,3DG100 组成放大器,将输入频率为 f_x 的周期信号如正弦波、三角波等进行放大,74LS00 构成施密特触发器,对放大器的输出信号进行整形,使之成为矩形脉冲。

② 时基电路

时基电路的作用是产生一个标准时间信号(高电平持续时间为 1 s),由 555 定时器构成的多谐振荡器产生(当标准时间的精度要求较高时,应通过晶体振荡器分频获得)。若振荡器的频率 $f_0 = 1/(t_1 + t_2) = 0.8$ Hz,则振荡器的输出波形如图 3.5.1(b)的波形Ⅱ所示,其中 $t_1 = 1$ s,$t_2 = 0.25$ s。由 $t_1 = 0.7 (R_1 + R_2)C$ 和 $t_2 = 0.7 R_2 C$,可计算出电阻 R_1、R_2 及电容 C

的值。若取 $C=10\,\mu\text{F}$,则

$$R_2=\frac{t_2}{0.7C}\approx 35.7(\text{k}\Omega)$$

$$R_1=\frac{t_1}{0.7C}-R_2\approx 107(\text{k}\Omega)$$

R_2 取标称值 36 kΩ,R_1 由固定电阻器 47 kΩ 和可变电阻器(电位器)100 kΩ 组成。

③ 逻辑控制电路

根据图 3.5.1(b)所示波形,在时基信号Ⅱ结束时产生的负跳变用来产生锁存信号Ⅳ,锁存信号Ⅳ的负跳变又用来产生清零信号Ⅴ。脉冲信号Ⅳ和Ⅴ可由两个单稳态触发器 74LS123 产生,它们的脉冲宽度由电路的时间常数决定。

设锁存信号Ⅳ和清零信号Ⅴ的脉冲宽度 t_w 相同,如果要求 $t_\text{w}=0.02\,\text{s}$,则由

$$t_\text{w}=0.45R_\text{ext}C_\text{ext}=0.02(\text{s})$$

若取 $R_\text{ext}=10\,\text{k}\Omega$,则 $C_\text{ext}=t_\text{w}/(0.45R_\text{ext})\approx 4.4(\mu\text{F})$,取标称值 4.7 μF。由 74LS123 的功能表 3.5.1 可得,当 $1CLR=1B=1$、触发脉冲从 $1A$ 端输入时,在触发脉冲的负跳变作用下,输出端 $1Q$ 可获得一正脉冲,$1\overline{Q}$ 端可获得一负脉冲,其波形关系正好满足图 3.5.1(b)所示波形Ⅳ和Ⅴ的要求。手动复位开关 S 按下时,计数器清零。

表 3.5.1   74LS123 功能表

输　入			输　出	
CLR	A	B	Q	$\overline{Q}$
L	$\times$	$\times$	L	H
$\times$	H	$\times$	L	H
$\times$	$\times$	L	$L\uparrow$	$H\uparrow$
H	L	$\uparrow$	⊓	⊔
H	$\downarrow$	H	⊓	⊔
$\uparrow$	L	H	⊓	⊔

④ 锁存器

锁存器的作用是将计数器在 1 s 结束时所计得的数进行锁存,使显示器上能稳定地显示此时计数器的值。如图 3.5.1(b)所示,1 s 计数时间结束时,逻辑控制电路发出锁存信号Ⅳ,将此时计数器的值送译码显示器。

选用 8D 锁存器 74LS273 可以完成上述功能。当时钟脉冲 CP 的正跳变来到时,锁存器的输出等于输入,即 $Q=D$,从而将计数器的输出值送到锁存器的输出端。正脉冲结束后,无论 D 为何值,输出端 Q 的状态仍保持原来的状态 Q_n 不变。所以在计数期间内,计数器的输出不会送到译码显示器。

经过以上各单元电路的设计,可以得到数字频率计的基本电路图如图 3.5.2 所示。

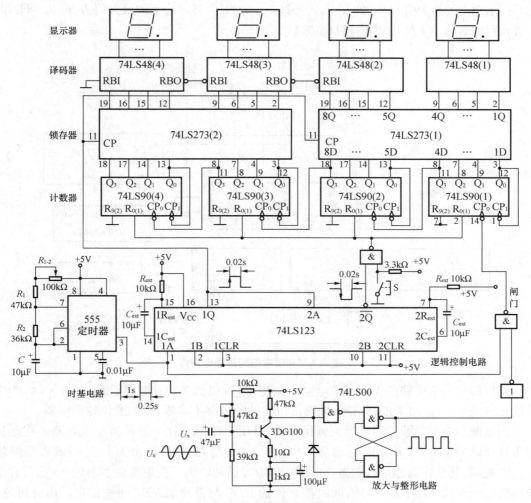

图 3.5.2　数字频率计电路

（2）扩展电路设计

图 3.5.2 所示的是数字频率计电路，其测量的最高频率只能为 9.999 kHz，完成一次测量的时间约 1.25 s。若被测信号频率增加到数百千赫或数兆赫，则需要增加频率范围扩展电路。

频率范围扩展电路如图 3.5.3 所示，该电路可实现频率量程的自动转换。其工作原理是：当被测信号频率升高，千位计数器已满，需要升量程时，计数器的最高位产生进位脉冲 Q_3，送到由 74LS92 与 2 个 D 触发器 G_1，G_2 共同构成的进位脉冲采集电路。G_1 的 1D 端接高电平，当 Q_3 的下跳沿来时，74LS92 的 Q_0 端输出高电平，则 G_1 的 1Q 端产生进位脉冲并保持到清零脉冲到来。该进位脉冲使多路数据选择器 74LS151 的地址计数器 74LS90 加 1，多路数据选择器将选通下一路输入信号，即上一次频率的 1/10 的分频信号，由于此时个位计数器的输入脉冲的频率是被测频率 f_x 的 1/10，故要将显示器的数乘以 10 才能得到被测频率值，这可以通过移动显示器上小数点的位置来实现。如图 3.5.3 所示，若被测信号不经过分频（10^0 输出），显示器上的最大值为 9.999 kHz，若经过 10^1 分频后，显示器上的最大值为 99.99 kHz，即小数点每向右移动 1 位，频率的测量范围扩大 10 倍。

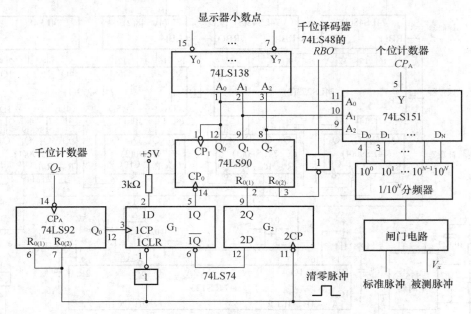

图 3.5.3　频率范围扩展电路

进位脉冲采集电路的作用是使电路工作稳定，避免当千位计数器计到 8 或 9 时，产生小数点的跳动。G_2 用来控制清零，即有进位脉冲时电路不清零，而无进位时则清零。

当被测频率降低而需要转换到低量程时，可用千位（最高位）是否为 0 来判断。在此利用千位译码器 74LS48 的灭 0 输出端 RBO，当 RBO 端为 0 时，输出为 0，这时就需要降量程。因此，取其非作为地址计数器 74LS90 的清零脉冲。为了能把高位多余的 0 熄灭，只需把高位的灭 0 输入端 RBI 接地，同时把高位的 RBO 与低位的 RBI 相连即可。由此可见，只有当检测到最高位为"0"，并且在该 1 s 内没有进位脉冲时，地址计数器才清零复位，即转换到最低量程，然后再按升量程的原理自动换挡，直至找到合适的量程。若将地址译码器 74LS138 的输出端取非，变成高电平以驱动显示器的小数点 h，则可显示扩展的频率范围。

（3）电路调试

① 接通电源后，用双踪示波器（输入耦合方式置 DC 挡）观察时基电路的输出波形，应如图 3.5.1(b) 所示的波形 Ⅱ，其中 $t_1 = 1$ s，$t_2 = 0.25$ s，否则重新调节时基电路中的 R_1 和 R_2 的值，使其满足要求。然后，改变示波器的扫描速率旋钮，观察 74LS123 引脚 13 和引脚 12 的波形，应有如图 3.5.1(b) 所示的锁存脉冲 Ⅳ 和清零脉冲 Ⅴ 的波形。

② 将 4 片计数器 74LS90 的引脚 2 全部接低电平，锁存器 74LS273 的引脚 11 都接时钟脉冲，在个位计数器的引脚 14 加入计数脉冲，检查 4 位锁存、译码、显示器的工作是否正常。

③ 在放大电路输入端加入 $f = 1$ kHz、$U_{P-P} = 1$ V 的正弦信号，用示波器观察放大电路和整形电路的输出波形，应为与被测信号同频率的脉冲波，显示器上的读数应为 1 000 Hz。

4）数字频率计测周期的基本原理

当被测信号的频率较低、采用直接测频方法测量时，由量化误差引起的测频误差太大，为了提高测低频时的准确度,应先测周期 T_x,然后计算频率 $f_x = 1/T_x$。

数字频率计测周期的原理框图如图 3.5.4 所示。被测信号经放大整形电路变成方波,加到门控电路产生闸门信号,如 $T_x = 10\ \text{ms}$,则闸门打开的时间也为 10 ms,在此期间内,周期为 T_s 的标准脉冲通过闸门进入计数器计数。若 $T_s = 1\ \mu\text{s}$,则计数器计得的脉冲数 $N = T_x/T_s = 10\ 000$ 个。若以毫秒(ms)为单位,则显示器上的读数为 10.000。

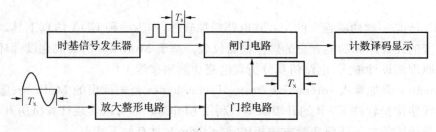

图 3.5.4 数字频率计测周期的原理框图

由以上分析可见,频率计测周期的基本原理正好与测频相反,即被测信号用来控制闸门电路的开通与关闭,标准时基信号作为计数脉冲。

3.5.4 实验和思考题

(1) 数字频率计中的逻辑控制电路有何作用? 如果不用集成电路单稳态触发器,是否可用其他器件或电路来完成逻辑控制功能? 画出设计的逻辑控制电路并进行实验验证。

(2) 用 555 定时器或运算放大器设计一个施密特整形电路,使之满足频率测量的要求。

(3) 图 3.5.2 所示电路的开关 S 有何作用? 可否用其他电路来代替 S 的功能? 请画出电路。

(4) 当测频范围要求不宽,例如只要求两挡扩展时,对于图 3.5.3 所示电路,可否不用数据选择器 74LS151? 为什么? 请设计电路,并完成频率为 10 Hz～100 kHz 的测量。

(5) 试采用测周期的方法测量频率为 0.1～10 Hz 的低频信号,要求测量精度 $\dfrac{\Delta f_x}{f_x} \leqslant \pm 2 \times 10^{-3}$,画出设计的电路并进行实验验证。

4 **Multisim 仿真实验**

Multisim 是一款功能强大的交互式电路模拟软件,作为一种 EDA 仿真工具,它为用户提供了丰富的元件库和功能齐全的虚拟仪器仪表。基于 Multisim 的集成化设计环境,用户能完成从原理图设计输入、电路仿真分析到电路功能测试等工作。

Multisim 8 是加拿大 Interactive Image Technologies 公司推出的 Multisim 版本,是该公司电子线路仿真软件 EWB 的升级版本。利用 Multisim 8 可以实现计算机仿真设计与虚拟实验。与传统的电子线路实验方法相比,Multisim 8 具有如下特点:

(1) 设计与实验可以同步进行,可以边设计边实验,修改调试方便。

(2) 虚拟元器件及虚拟仪器仪表种类齐全,用户可以完成各种类型的电路设计与实验。

(3) 可以方便地对电路参数进行测试和分析。

(4) 可以直接打印输出实验数据、测试参数、曲线和电路原理图。

(5) 实验中不消耗实际的元器件,实验所需元器件的种类和数量不受限制,实验成本低、速度快、效率高。

(6) 设计和实验成功的电路可以直接在产品中使用。

4.1 集成逻辑门的应用

4.1.1 实验目的

(1) 通过 CMOS 门电路的应用实例,加深对门电路的理解。

(2) 掌握用门电路组成应用电路的仿真方法。

(3) 学会用门电路制作简单实用的电子电路。

4.1.2 实验内容

1) 用 CMOS 电路组成多谐振荡器

(1) 点击电子仿真软件 Multisim 8 基本界面左侧左列真实元件工具条的"CMOS"按钮,从弹出的对话框"Family"栏选取"CMOS_ 5V",再在"Component"栏选取"4069BD_ 5V",最后点击右上角"OK"按钮,将反相器调出放置在电子平台上,共放置 2 个。

(2) 单击电子仿真软件 Multisim 8 基本界面左侧左列真实元件工具条的"Basic"按钮,从中调出"10k"电阻和"100nF"电容各两个,将它们调出放置在电子平台上。

(3) 单击电子仿真软件 Multisim 8 基本界面左侧右列虚拟元件工具条的"Show Measurement Components"按钮,从弹出的虚拟元件列表框中分别选取蓝色和红色指示灯各 1 盏,将它们调出放置在电子平台上。

（4）单击电子仿真软件 Multisim 8 基本界面左侧左列真实元件工具条"Source"按钮，从弹出的对话框"Family"栏选取"POWER_SOURCES"，再在"Component"栏选取"VCC"将+5V 电源符号调出放置在电子平台上；然后再选取"DGND"，再点击右上角"OK"按钮，将"数字接地端"示意性地放置在电子平台上。

（5）从电子仿真软件 Multisim 8 基本界面右侧虚拟仪器工具条中调出虚拟双踪示波器放置在电子平台上。

（6）连成多谐振荡器仿真电路如图 4.1.1 所示。

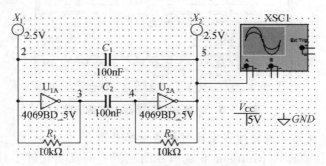

图 4.1.1　组成多谐振荡器仿真电路

（7）打开仿真开关，双击虚拟双踪示波器图标"XSC1"，从虚拟双踪示波器放大面板屏幕上可以看见多谐振荡器产生的矩形波信号，如图 4.1.2 所示。虚拟双踪示波器放大面板各栏参数可参照图 4.1.2 设置。还可以看到两盏指示灯轮流闪亮。

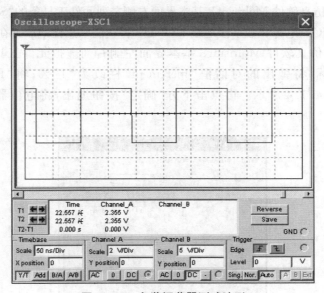

图 4.1.2　多谐振荡器测试波形

（8）用鼠标拉出虚拟示波器屏幕左、右角的小三角读数指针到如图 4.1.3 所示位置，从屏幕下方"T2-T1"栏的数据可以知道该多谐振荡器的振荡周期为 172.194 ns。

（9）算出该多谐振荡器的振荡周期和占空比。

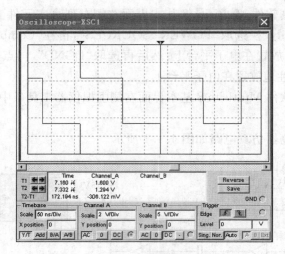

图 4.1.3　测量多谐振荡器的振荡周期

2）用施密特触发器构成脉冲占空比可调多谐振荡器

（1）单击电子仿真软件 Multisim 8 基本界面左侧左列真实元件工具条"CMOS"按钮，从弹出的对话框"Family"栏选取"CMOS_5V"，再在"Component"栏选取"4093BD_5V"，最后点击右上角"OK"按钮，将施密特触发器调出放置在电子平台上。

（2）单击电子仿真软件 Multisim 8 基本界面左侧左列真实元件工具条"Basic"按钮，从中调出 10 kΩ 电阻、2 kΩ 电阻和 1 μF 电容各 1 个，将它们调出放置在电子平台上。

（3）单击电子仿真软件 Multisim 8 基本界面左侧左列元件工具条的"Source"按钮，从弹出的对话框中调出"VCC"电源和数字接地端"DGND"，将它们示意性地放置在电子平台上。

（4）单击电子仿真软件 Multisim 8 基本界面左侧右列虚拟元件工具条，调出电位器，并双击电位器图标，将弹出的对话框"Increment"栏改为"1"％；将"Resistance"栏改为"100"kOhm，如图 4.1.4 所示。再点击下方"确定"按钮退出，将电位器调出放置在电子平台上。

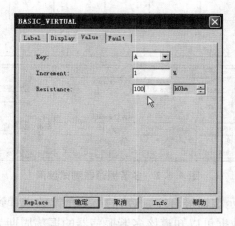

图 4.1.4　设置电位器属性

（5）单击电子仿真软件 Multisim 8 基本界面左侧左列真实元件工具条"Diode"按钮，从弹出的对话框"Family"栏选取"DIODE",再在"Component"栏选取"1N4148",最后点击右上角"OK"按钮,将二极管调出放置在电子平台上,共需 2 只。

(6) 从电子仿真软件 Multisim 8 基本界面右侧调出虚拟示波器,并连成仿真电路如图 4.1.5 所示。

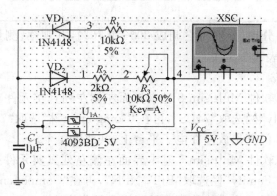

图 4.1.5 施密特触发器构成多谐振荡器仿真电路

(7) 打开仿真开关,双击虚拟示波器图标,从放大面板屏幕上可以看到产生的矩形波如图 4.1.6 所示。放大面板各栏设置见图 4.1.6。

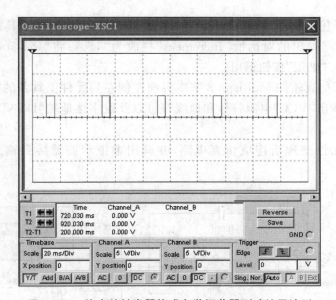

图 4.1.6 施密特触发器构成多谐振荡器测试结果波形

(8) 用虚拟示波器屏幕上的读数指针读出矩形波的周期、频率和占空比,并将结果填入表 4.1.1 中。

表 4.1.1　施密特触发器构成多谐振荡器测试结果

电位器位置	矩形波周期	矩形波频率	占空比
50%			
30%			
70%			

（9）改变电位器百分比，分别将它调成 30% 和 70%，并观察、测量矩形波，将它们的周期、频率和占空比填入表 4.1.1 中。

3）时钟脉冲源电路

（1）单击电子仿真软件 Multisim 8 基本界面左侧左列真实元件工具条的"TTL"按钮，从弹出的对话框"Family"栏选取"74LS"，再在"Component"栏选取"74LS00D"，最后点击右上角"OK"按钮，将与非门调出放置在电子平台上，共放置 4 个。

（2）单击电子仿真软件 Multisim 8 基本界面左侧左列真实元件工具条的"Transistor"按钮，从弹出的对话框"Family"栏选取"BJT_NPN"，再在"Component"栏选取"2N2222A"，最后点击右上角"OK"按钮，将晶体管调出放置在电子平台上。

（3）单击电子仿真软件 Multisim 8 基本界面左侧左列真实元件工具条的"Basic"按钮，从弹出的对话框中调出 330 Ω 电阻、2 Ω 电阻和 100 nF 电容各 1 只，将它们放置在电子平台上。

（4）单击电子仿真软件 Multisim 8 基本界面左侧右列虚拟元件工具条调出电位器，并双击电位器图标，将弹出的对话框"Increment"栏改为"1"%；将"Resistance"栏改为"10" kOhm，再点击下方"确定"按钮退出。

（5）单击电子仿真软件 Multisim 8 基本界面左侧左列元件工具条的"Source"按钮，从弹出的对话框中调出"VCC"电源符号和地线符号以及数字接地端"DGND"，将它们放置在电子平台上。

（6）将所有元件整理后连成仿真电路，并调出虚拟示波器接到输出端，如图 4.1.7 所示。

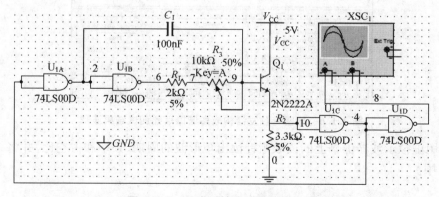

图 4.1.7　组成时钟脉冲源仿真电路

（7）打开仿真开关，双击虚拟示波器图标，从放大面板屏幕上可以看到产生的矩形波，如图 4.1.8 所示。放大面板各栏设置见图 4.1.8。

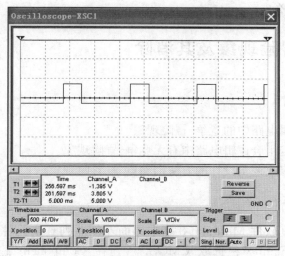

图 4.1.8　时钟脉冲源测试结果波形

（8）用虚拟示波器屏幕上的读数指针读出矩形波的周期、频率和占空比，并将结果填入表 4.1.2 中。

（9）根据公式计算矩形波的周期、频率和占空比，将结果填入表 4.1.2 中，并与实际测量值相比较。

表 4.1.2　时钟脉冲源测试结果

电位器位置	矩形波周期		矩形波频率		占空比	
	实际测量值	理论计算值	实际测量值	理论计算值	实际测量值	理论计算值
50%						
70%						

（10）改变电位器的百分比为 70%，观察并用虚拟示波器屏幕上的读数指针测出矩形波的周期、频率和占空比，与理论计算值相比较。

4.1.3　实验报告

整理 3 个仿真实验所得到的数据，并按要求填写表 4.1.1、表 4.1.2。

4.1.4　思考题

（1）Multisim 中的虚拟示波器如何与电路相连接？

（2）如何向 Multisim 元件库中添加元件？

（3）启动 Simulate 菜单中的 Digital Simulation Settings 命令，打开"Digital Simulation Settings"对话框，比较 Real 情况下和 Ideal 情况下的输出波形的幅度，并分析与实际情况是否符合。理想化模型与现实模型都考虑了传输延迟，但理想化模型输出波形的上升沿比现实模型的效果好，试问哪种模型更接近实际情况？

（4）构建一个非门测试电路，若启动仿真开关时出现"Simulation error"提示框，试分析对于 Ideal 的仿真，消除仿真错误的措施有哪几种？在电路窗口上示意性地放置一个电源

(如 VCC)的目的是什么?

4.2　竞争-冒险现象及其消除

4.2.1　实验目的

(1) 了解组合逻辑电路中的竞争-冒险现象。

(2) 学会分析给定组合逻辑电路中有无竞争-冒险现象。

(3) 掌握如何用修改逻辑设计的方法消除竞争-冒险现象。

4.2.2　实验内容

(1) 单击电子仿真软件 Multisim 8 基本界面左侧左列真实元件工具条的"CMOS"按钮,从弹出的对话框"Family"栏选取"CMOS_5V",在"Component"栏选取"4081BD_5V",共调出两只与门;再在"Component"栏选取"4069BCL_5V",调出一只反相器,将它们放置在电子平台上。

(2) 单击电子仿真软件 Multisim 8 基本界面左侧左列真实元件工具条的"TTL"按钮,从弹出的对话框"Family"栏选取"74STD",在"Component"栏选取"7432N",调出一只或门,将它放置在电子平台上。

(3) 单击电子仿真软件 Multisim 8 基本界面左侧右列虚拟元件工具条,从虚拟元件列表框中调出一盏红色指示灯。

(4) 单击电子仿真软件 Multisim 8 基本界面左侧左列真实元件工具条的"Source"按钮,从弹出的对话框"Family"栏选取"POWER_SOURCES",再在"Component"栏选取 VDD 电源和 GROUND 地线,将它们放置在电子平台上;然后在"Family"栏中选取"SIGNAL_VOLTAG…",再在"Component"栏中选取"CLOCK_VOLTAGE",最后点击对话框右上角"OK"按钮,将脉冲信号源调入电子平台。

(5) 双击脉冲信号源图标,将弹出对话框中"Frequency"右侧输入"100"并点击右边下拉箭头,选取"Hz",最后点击对话框下方"确定"按钮退出,如图 4.2.1 所示。

图 4.2.1　设置脉冲信号源频率

（6）将所有调出元件整理并连成仿真电路。从基本界面右侧虚拟仪器工具条中调出双踪示波器，并将它的 A 通道接到电路的输入端，将 B 通道接到电路的输出端，如图 4.2.2 所示。

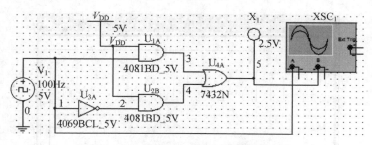

图 4.2.2　测试竞争-冒险现象仿真电路

（7）打开仿真开关，双击虚拟示波器图标，将从弹出的放大面板上看到由于电路存在竞争-冒险现象，B 通道的输出波形存在尖峰脉冲，如图 4.2.3 所示。放大面板各栏数据可参照图中设置。

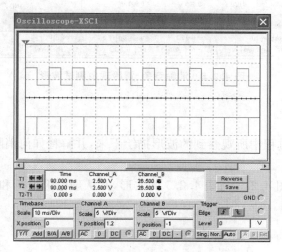

图 4.2.3　测试竞争-冒险现象波形

（8）采用修改设计的方法消除组合电路的竞争-冒险现象，先关闭仿真开关，再从电子仿真软件 Multisim 8 基本界面左侧左列真实元件工具条中调出与门和或门各 1 只，将电路改成如图 4.2.4 所示。

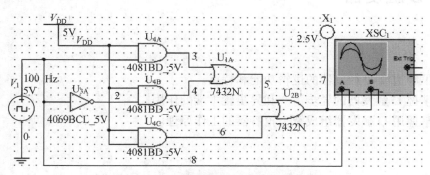

图 4.2.4　消除竞争-冒险现象仿真电路

（9）重新打开仿真开关,并双击虚拟示波器图标,从放大面板的屏幕上看到输出波形已经消除了尖峰脉冲,如图 4.2.5 所示,请分析和解释原因。

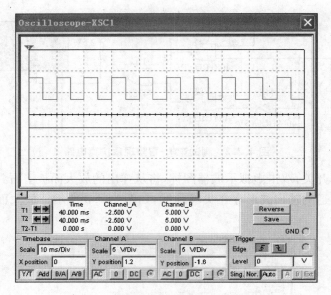

图 4.2.5   消除竞争-冒险现象测试波形

4.2.3   实验报告

（1）将仿真实验过程中所观察到的波形描绘下来,并解释如何消除由于竞争-冒险而产生的尖峰脉冲。

（2）观察和比较图 4.2.3 与图 4.2.5 的波形,并从理论上分析和解释尖峰脉冲消失的原因。

4.2.4   思考题

通过仿真可以看到电路中的竞争-冒险现象,请调整示波器的时间尺度,对该现象做进一步分析,弄清楚产生竞争-冒险现象的原因。

4.3   D 触发器

4.3.1   实验目的

（1）了解边沿 D 触发器的逻辑功能和特点。
（2）掌握 D 触发器的异步清 0 和异步置 1 端的作用。
（3）掌握用 D 触发器组成智力抢答器的工作原理。

4.3.2 实验内容

1) 基本 RS 触发器功能测试

(1) 在元(器)件库中单击 TTL,再单击 74 系列,选取与非门 7400N。在元(器)件库中单击 Basic(基本元(器)件),然后单击 SWITCH,再单击 SPDT,选取 2 个开关 J_1、J_2。电源 V_{CC} 设置为 5 V。

(2) 因为开关 J_1 和 J_2 "Key=Space",所以按空格键可改变开关位置。为了便于控制,双击开关 J_2 图标,打开 SWITCH 对话框,在对话框 Value 页中的 Key for Switch 栏下拉菜单中选择字母符号 A,则"Key=A"。也可以选择不同字母符号或者数字符号,来表示对应开关的开关键。

(3) 在元(器)件库中单击指示器件,选小灯泡来显示数据。连接电路如图 4.3.1 所示。

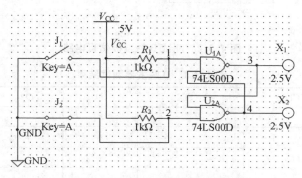

图 4.3.1　测试基本 RS 触发器仿真电路

通过 2 个开关改变输入数据,按对应开关的开关键符号,即可改变开关位置,从而改变输入数据。小灯泡亮表示数据为"1",小灯泡灭表示数据为"0",观察 Q、$\bar{Q}$ 端的状态。

当触发器的输入 $R=0$,$S=1$ 时,触发器的输出 $Q=0$,$\bar{Q}=1$。只要不改变开关 J_1、J_2 的状态,RS 触发器的输出 $\bar{Q}$ 和 Q 将保持不变。S、R 端都接低电平,观察 Q、$\bar{Q}$ 端的状态;S、R 同时由低电平跳变为高电平时,注意观察 Q、$\bar{Q}$ 端的状态。重复 3~5 次,观察 Q、$\bar{Q}$ 端的状态是否相同,通过实验,加深对"不定"状态含义的理解。

2) D 触发器功能测试

(1) 从电子仿真软件 Multisim 8 基本界面左侧左列真实元件工具条的"CMOS"元件库中调出 D 触发器"4013BD_5V";从"Basic"元件库中调出单刀双掷开关"SPDT"4 只,并分别双击单刀双掷开关,将它们的"Key for Switch"栏设成 S(代表 S_D)、D(代表 D)、C(代表 CP)、R(代表 R_D)。

(2) 从电子仿真软件 Multisim 8 基本界面左侧右列虚拟元件工具条的指示器元件列表中选取红色(接 Q 端)和蓝色(接 $\bar{Q}$ 端)指示灯各 1 盏,将它们放置在电子平台上。

(3) 从电子仿真软件 Multisim 8 基本界面左侧左列真实元件工具条的"Source"元件库中调出电源 VDD 和地线,将它们放置在电子平台上。

(4) 将所有元件连成仿真电路如图 4.3.2 所示。

(5) 打开仿真开关,按表 4.3.1 要求进行仿真实验,并将结果填入表内。

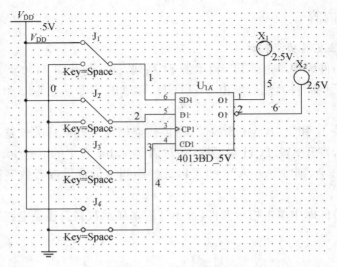

图 4.3.2　测试 D 触发器仿真电路

表 4.3.1　D 触发器测试结果

CP	$R_D(CD1)$	$S_D(SD1)$	D	Q^n	Q^{n+1}
×			×		
×			×		
↑					
↑					
↑					
↑					
×			×	×	Q^n

3）用四锁存 D 型触发器组成智力竞赛抢答器

智力竞赛抢答电路如图 4.3.3 所示。该电路能鉴别出 4 个数据中的第 1 个到来者，而对随后到来的其他数据信号不再传输和作出响应。至于哪一位数据最先到来，则可从 LED 指示灯看出。图 4.3.3 所示电路是由四锁存 D 型触发器 4042BD、双 4 输入端与非门 4012BD、四 2 输入或非门 4001BD 和六同相缓冲/变换器 4010BCl 等元件构成。

电路工作时，四锁存 D 型触发器 4042BD 的极性端 $EO(POL)$ 处于高电平"1"，$E1(CP)$ 端电平由 $\overline{Q}_0 \sim \overline{Q}_3$ 为高电平和复位开关产生的信号决定。复位开关 K_5 断开时，4001BD 的引脚 2 经上拉电阻接 V_{CC}，由于 $K_1 \sim K_4$ 均为关断状态，$D_0 \sim D_3$ 均为低电平"0"状态，所以 $\overline{Q}_0 \sim \overline{Q}_3$ 为高电平"1"状态，CP 端为低电平"0"状态，锁存了前一次工作阶段的数据。新的工作阶段开始，复位开关 K_5 闭合，4001BD 的引脚 2 接地，4012BD 的输出端引脚 1 也为低电平"0"状态，所以 $E1$ 端为高电平"1"状态。以后，$E1$ 的状态完全由 4042BD 的 $\overline{Q}$ 输出端电平决定。一旦数据开关($K_1 \sim K_4$)有一个闭合，则 $Q_0 \sim Q_3$ 中必有一端最先处于高电平"1"状态，相应的 LED 被点亮，指示出第 1 信号的位数。同时，4012BD 的引脚 1"0"状态，锁存了前一次工作阶段的数据。新的工作阶段开始，复位开关 K_5 闭合，4001BD 的引脚 2 接地，4012BD 的输出端引脚 1 也为低电平"0"状态，所以 $E1$ 端为高电平"1"状态。以后，$E1$

的状态完全由 4042BD 的 $\bar{Q}$ 输出端电平决定。一旦数据开关($K_1 \sim K_4$)有 1 个闭合,则 $Q_0 \sim Q_3$ 中必有一端最先处于高电平"1"状态,相应的 LED 被点亮,指示出第 1 信号的位数。同时,4012BD 的引脚 1 为高电平"1"状态,迫使 $E1$ 为低电平"0"状态,在 CP 脉冲下降沿的作用下,第 1 信号被锁存。电路对以后的信号便不再响应。

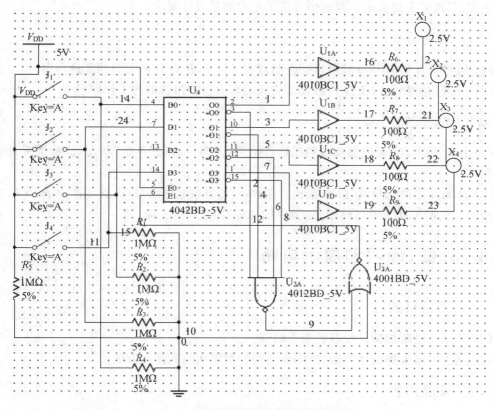

图 4.3.3 D 触发器组成抢答器仿真电路

(1) 从电子仿真软件 Multisim 8 基本界面左侧左列真实元件工具条的"CMOS"元件库中调出四锁存 D 型触发器"4042BD"、"4012BD"、四 2 输入或非门"4001BD"各 1 只;调出六同相缓冲/变换器"4010BCl"4 只,将它们放置在电子平台上。

(2) 单击电子仿真软件 Multisim 8 基本界面左侧左列真实元件工具条的"Basic"按钮,在弹出的对话框"Family"栏中选取"SWITCH",再在"Component"栏中选取"SPST",调出单刀单掷开关 4 只,放置在电子平台上。

(3) 从电子仿真软件 Multisim 8 基本界面左侧左列真实元件工具条的"Basic"元件库中调出 100 Ω 电阻 4 只、1.0 MΩ 电阻 5 只,将它们放置在电子平台上。

(4) 从电子仿真软件 Multisim 8 基本界面左侧左列真实元件工具条的"Source"元件库中调出 VDD 电源和地线,将它们放置在电子平台上。

(5) 从电子仿真软件 Multisim 8 基本界面左侧右列虚元件工具条的指示器元件列表框中调出红、绿、蓝、黄指示灯各 1 只,将它们放置在电子平台上。

(6) 经调整元件位置并将它们连成如图 4.3.3 所示仿真电路。

（7）先将 4 只单刀单掷开关 $J_1 \sim J_4$ 都处在打开状态，然后打开仿真开关，任意按下一只单刀单掷开关，红、绿、蓝、黄指示灯中有且仅有 1 盏灯亮，再按下其他单刀单掷开关都不能使对应的指示灯亮，第 1 次按下的单刀单掷开关表示该人抢答成功。

（8）关闭仿真开关，恢复 4 只单刀单掷开关 $J_1 \sim J_4$ 都处在打开状态，另选其他单刀单掷开关并按下，重复上述实验。判断仿真结果是否满足设计要求。

4.3.3　实验报告

（1）填好仿真实验中 D 触发器功能测试表 4.3.1，并对 D 触发器功能进行讨论。

（2）分析和解释用四锁存 D 触发器构成的智力竞赛抢答器的工作原理。

4.3.4　思考题

（1）结合基本 RS 触发器功能测试仿真结果，说明什么是"不定"状态，这种情况是否应当避免？

（2）D 触发器功能测试时，设置 $S_D = 0$，$R_D = 1$，观察输出结果；设置 $S_D = 1$，$R_D = 0$，观察输出结果。根据仿真结果，分析 D 触发器的功能特点。

4.4　计数、译码和显示电路

4.4.1　实验目的

（1）掌握二进制加减计数器的工作原理。

（2）熟悉中规模集成计数器、译码驱动器的逻辑功能和使用方法。

4.4.2　实验内容

1）用 74163N 构成十进制计数器

（1）在元（器）件库中选中 74163N，再利用同步置数的 LOAD 构成十进制计数器，故取清零端 CLR、计数控制端 ENP、ENT 接高电平"1"（V_{CC}）。

（2）取方波信号作为时钟计数输入。双击信号发生器图标，设置电压 U1 为 5 V，频率为 0.1 kHz。

（3）送数端 LOAD 同步作用，设并行数据输入 DCBA＝0000，LOAD 取 $Q_D Q_A$ 的与非，当 $Q_D Q_C Q_B Q_A$＝1001 时，LOAD＝0，等待下一个时钟脉冲上升沿到来，将并行数据 DCBA ＝0000 置入计数器。

（4）在元（器）件库中单击显示器件选中带译码的七段 LED 数码管 U3。连接电路如图 4.4.1所示。

（5）启动仿真开关，LED 数码管循环显示 0、1、2、3、4、5、6、7、8、9。

仿真输出也可以用逻辑分析仪观察，查看一个计数周期的计数情况，从逻辑分析仪中可以看出计数过程。双击信号发生器图标，频率改为 1 kHz。将 74163N 时钟输入 CLK、输出 $Q_A Q_B Q_C Q_D$ 及 RCO 进位从上到下依次接逻辑分析仪，双击逻辑分析仪图标，电路输出波

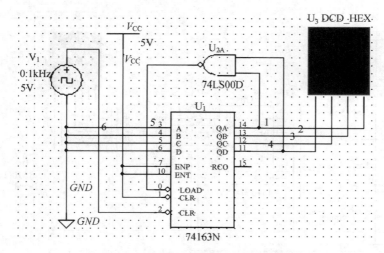

图 4.4.1 74163N 构成的十进制计数器

形如图 4.4.2 所示。显然，输出 $Q_D Q_C Q_B Q_A$ 按 0000、0001、0010、0011、0100、0101、0110、0111、1000、1001 循环，且 $Q_D Q_C Q_B Q_A = 1001$ 时，RCO 无进位输出。

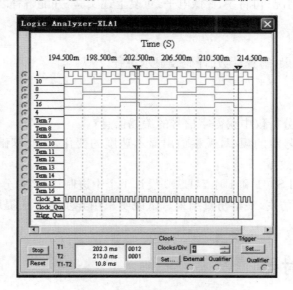

图 4.4.2 逻辑分析仪的输出波形

2）1 位计数、译码和显示电路

（1）单击电子仿真软件 Multisim 8 基本界面左侧左列真实元件工具条"CMOS"按钮，从弹出的对话框"Family"栏中选"CMOS_5V"，再在"Component"栏中选取"4510BD"和"4511BD"各 1 只，将它们放置在电子平台上。

（2）点击电子仿真软件 Multisim 8 基本界面左侧左列真实元件工具条"Indicator"按钮，从弹出的对话框"Family"栏中选"HEX_DISPLAY"，再在"Component"栏中选取"SEVEN_SEG_COM_K"，再点击对话框右上角"OK"按钮，将共阴数码管调出放置在电子平台上。

（3）将所有元件调齐并连成仿真电路，如图 4.4.3 所示。

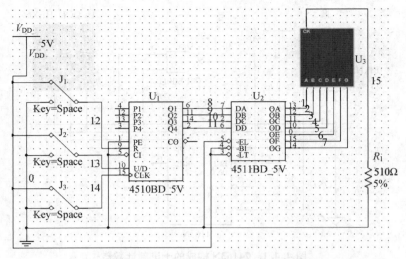

图 4.4.3　1 位计数译码显示仿真电路

（4）打开仿真开关，将 J_1 置低电平，J_2 置高电平，每次将 J_3 从低电平改变成高电平，观察 LED 数码管变化情况；再将 J_2 置低电平，重复上述实验，并能解释之。

4.4.3　实验报告

总结整理实验结果，解释计数、译码及显示过程。

4.4.4　思考题

（1）如何从逻辑分析仪中获得字信号的编码信息？

（2）改变时钟信号源的频率，观察输出显示速度的变化，在此基础上对电路进行改动，设计一个一百进制计数器。

（3）若用 1 片 74LS161 和 1 片 74LS00 设计 1 个十进制计数器，分别用同步置数法和异步清零法对电路进行仿真，观察仿真结果。试说明采用异步清零法提取清零信号时为什么会出现竞争-冒险现象。

4.5　555 定时器

4.5.1　实验目的

（1）了解 555 定时器的工作原理。

（2）学会分析 555 定时器所构成的几种应用电路的工作原理。

（3）掌握 555 定时器的具体应用。

4.5.2　实验内容

1）时基振荡发生器

（1）单击电子仿真软件 Multisim 8 基本界面左侧左列真实元件工具条"Mixed"按钮，

从弹出的对话框"Family"栏中选"TIMER",再在"Component"栏中选"LM555CM",点击对话框右上角"OK"按钮,将 555 定时器电路调出放置在电子平台上。

(2) 从电子仿真软件 Multisim 8 基本界面左侧左列真实元件工具条中调出其他元件,并从基本界面右侧调出虚拟双踪示波器,按图 4.5.1 在电子平台上建立仿真实验电路。

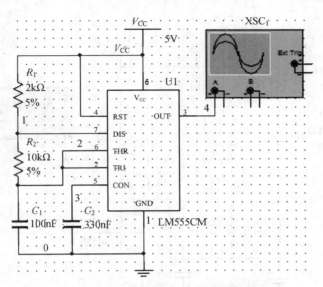

图 4.5.1 测试时基振荡发生器仿真电路

(3)打开仿真开关,双击示波器图标,观察屏幕上的波形,利用屏幕上的读数指针对波形进行测量,并将结果填入表 4.5.1 中。示波器面板设置见图 4.5.2。

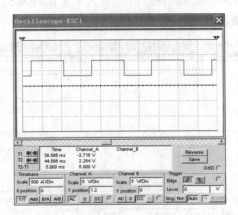

图 4.5.2 示波器面板设置及时基振荡发生器测试波形

表 4.5.1 时基振荡发生器波形测试结果

项　目	周　期	高电平宽度	占空比
理论计算值			
实验测量值			

2) 占空比可调的多谐振荡器

（1）在电子仿真软件 Multisim 8 电子平台上建立如图 4.5.3 所示仿真电路，其中，电位器从电子仿真软件 Multisim 8 左侧左列虚拟元件工具条中调出，双击电位器图标，将弹出的对话框的"Increment"栏改为"1"％；将"Resistance"改成"10"kOhm，按对话框下方"确定"按钮退出。

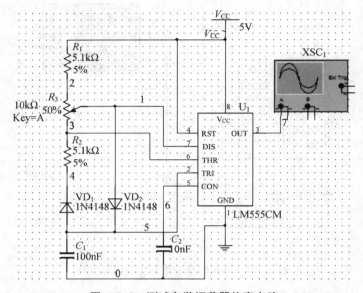

图 4.5.3　测试多谐振荡器仿真电路

（2）打开仿真开关，双击示波器图标，将从放大面板的屏幕上看到多谐振荡器产生的矩形波如图 4.5.4 所示，面板设置见图 4.5.4。

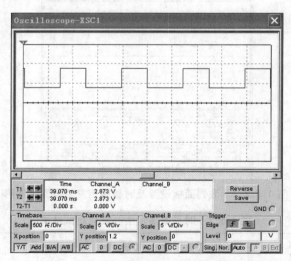

图 4.5.4　示波器面板设置及多谐振荡器测试波形

（3）调节电位器的百分比，可以观察到多谐振荡器产生的矩形波占空比发生变化，分别测出电位器百分比为 30％和 70％时的占空比，并将波形和占空比填入表 4.5.2 中。

表 4.5.2 多谐振荡器波形测试结果

电位器位置	波 形	占空比
30%		
70%		

3) 单稳态触发器

(1) 按图 4.5.5 在 Multisim 8 电子平台上建立仿真实验电路,其中,信号源 V1 从基本界面左侧左列真实元件工具条的"Source"电源库中调出,选取对话框"Family"栏的"SIGNAL_VOLTAG...",然后在"Component"栏中选"CLOCK_VOLTAGE",点击对话框右上角"OK"按钮,将其调入电子平台,然后双击 V₁ 图标,在弹出的对话框中,将"Frequency"栏设为 5 kHz,"Duty"栏设为 90%,按对话框下方"确定"退出;XSC1 为虚拟 4 踪示波器。

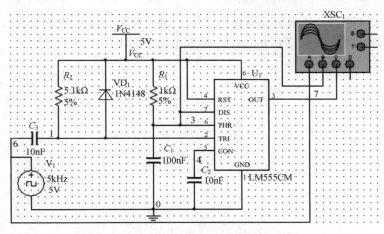

图 4.5.5 测试单稳态触发器仿真电路

(2) 打开仿真开关,双击虚拟 4 踪示波器图标,从打开的放大面板上可以看到 U_I、U_C 和 U_O 的波形,如图 4.5.6 所示。4 踪示波器的面板设置见图 4.5.6。

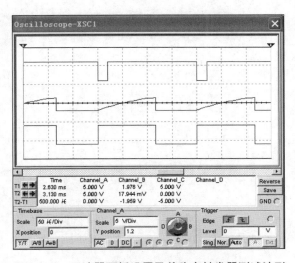

图 4.5.6 示波器面板设置及单稳态触发器测试波形

（3）利用屏幕上的读数指针读出单稳态触发器的暂稳态时间 t_w，并与用公式计算的理论值比较。

4.5.3　实验报告

（1）整理仿真实验数据，将相关数据填入表 4.5.1 和表 4.5.2 中。

（2）讨论和解释单稳态触发器工作过程。

4.5.4　思考题

（1）调整可变电阻器的阻值，调整信号源特性参数，通过示波器观察波形输出，将测量值与理论值相比较，并对电路进行分析。

（2）若输入脉冲信号的频率升高到 10 MHz，输入波形与输出波形是否有明显的延迟？若输入信号的频率进一步升高到 64 MHz，集成电路还能不能正常工作？

5 可编程逻辑器件实验

作为 20 世纪 70 年代发展起来的一种具有划时代意义的新型逻辑器件,可编程逻辑器件(PLD)具有灵活的可编程能力、快速的并行信号处理方式、足够多的内部资源,并且无复位问题和程序跑飞困扰。PLD 是当前电子设计领域中最具活力和发展前途的器件。

有设计经验的读者一定知道,使用具有特定功能的专用集成电路(ASIC)进行电路设计时,设计过程比较麻烦,而且当电路功能复杂时,会由于集成电路数量太多,带来体积庞大、耗电量高、稳定性差、成本高、速度慢等问题,尤其是需要修改电路功能时,往往需要重新设计一遍,工作量较大、效率较低。使用 PLD 结合硬件描述语言设计电路能较好地解决上述问题,而且电路越复杂,这种设计方法的优越性越明显。

要熟练使用 PLD 结合硬件描述语言设计电路,必须具备以下条件:

(1) 准确理解电路逻辑。

(2) 熟悉 PLD 的使用方法及开发流程。

(3) 熟练使用硬件描述语言。本书仅简单介绍 VHDL 语言。

(4) 熟悉 PLD 集成开发环境。本书仅简单介绍 Quartus II。

本书前面章节介绍的是传统的数字电路设计方法。在实际设计电路时,建议把传统的设计方法与本章的设计方法结合起来,这样可有效提高设计效率。要熟练使用 PLD 设计规模庞大、功能复杂的电路,还需要经过大量的设计实践锻炼,本章仅仅起到抛砖引玉的作用。

5.1 可编程逻辑器件

5.1.1 可编程逻辑器件的概念

PLD 是一种采用 CMOS 工艺制成的大规模集成电路。在这些器件的内部,集成了大量功能独立的基本逻辑门、由基本逻辑门构成的宏单元,以及与阵列、或阵列等,还有大量可配置的连线。在器件出厂时,芯片内的各个元件、单元相互间没有连接,芯片暂不具有任何逻辑功能。芯片内的各个元件、单元如何连接,由用户根据自身设计的电路功能要求通过计算机编程确定。

用户使用此类器件前,首先需给器件赋予所要求的特定功能,即在计算机上利用专用软件对器件进行编程,把芯片内应连接的元件、单元连接起来。由于芯片内的元件是按用户编写的指令进行连接的,因此,根据用户编写的不同程序就可制造出具有不同电路功能的器件。这种由用户通过编程手段才使芯片产生一定逻辑功能的器件称为 PLD。编程后芯片就可以像常规集成电路芯片那样使用了。

利用 PLD 制造电路的优势是显而易见的。按传统方法设计的电路,由于使用的是厂家提供的有固定逻辑功能的通用芯片,所以电路的规模相当庞大。另外,由于芯片有固定逻辑功能,电路的技术秘密很难保护。现在,由于 PLD 的问世、发展和完善,以及用于开发 PLD 的电子设计自动化(EDA)技术的迅猛发展,有可能把一个含有几千、几万,甚至几十万、几百万个逻辑门的数字系统制造在一个 PLD 上,形成功能极强的单片电路。这种单片电路由于是电路设计者自己制造出来的,很容易设置保密位,从而形成电路设计者自己的知识产权。

目前,PLD 主要分为现场可编程门阵列(FPGA)和复杂可编程逻辑器件(CPLD)两大类。FPGA 和 CPLD 最明显的特点是高集成度、高速度和高可靠性。高速度表现在其时钟延时可小至纳秒级,结合并行工作方式,在超高速应用领域和实时测控方面有着非常广阔的应用前景;其可靠性和高集成度表现在几乎可将整个系统集成于同一芯片中,实现所谓的片上系统。可以说,PLD 极其先进的 EDA 设计方法是电子电路设计革命的最有效的催化剂和强大的推动力。数字系统 PLD 化,是数字系统设计发展的必然趋势。

5.1.2　EPM7128SLC84-15 的特点

由于在本教材中选用的 PLD 器件为 EPM7128SLC84-15,因此有必要对此器件进行简单介绍。

EPM7128S 系列是美国 Altera 公司生产的 CPLD。在实验中使用该器件是很方便的,其优点是可以反复编程多达百余次,而且不必拆下芯片就可以直接在电路板上编程。器件型号 EPM7128SLC84-15 中,"7"表示 7000 系列产品,"128"表示内部有 128 个逻辑宏单元,"S"表示是在线可编程器件,"LC"表示器件的壳体由塑料片包装,"84"表示器件有 84 个外端子,"15"表示全局时钟到输出端的时延为 15 ns。

EPM7128SLC84-15 的引脚排列见图 5.1.1。

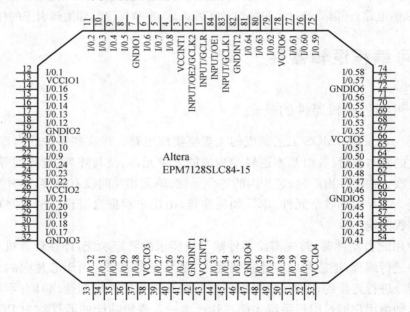

图 5.1.1　EPM7128SLC84-15 引脚

有 4 个专用输入端,其中,引脚 1 为全局清零,引脚 2 为输出使能 2/全局时钟 2,引脚 83

为全局时钟 1,引脚 84 为输出使能 1。用于 I/O 输出驱动的正电源端(V_{CCIO})有 6 个,可接直流 5 V 或 3.3 V。用于内部电路和输入缓冲器的正电源端(V_{CCINT})有 2 个,只能接直流 5 V。接地端有 8 个,使用时必须与公共地相连,所有同名管脚内已连通。引脚 14、23、62、71 是在系统编程信号的输入、输出通道,下载时通过下载电缆将计算机中编程数据下载到 CPLD 中。

5.2　Quartus Ⅱ 使用方法

进行本章实验需要的器材有数字实验箱、微机、编程软件及编程器、在系统可编程器件 EPM7128SLC84-15(可根据使用者的实际情况自行选择,在各节中不再说明)。

本节重点学习 Quartus Ⅱ 环境下 PLD 的开发流程。

Quartus Ⅱ 是当前国际上最为流行的支持 VHDL 的 EDA 工具软件之一,其界面清晰,易学易用。

使用 Quartus Ⅱ 软件进行电路设计和开发的流程如图 5.2.1 所示。主要包括以下几个步骤:新建项目、设计输入、器件的选择与引脚的锁定、项目编译与仿真、器件编程。

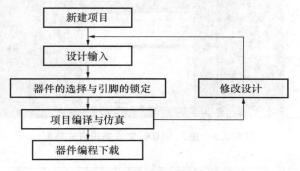

图 5.2.1　电路设计和开发流程

首先为工程建立一个目录,如 e:\Quartus Ⅱ\juli,然后通过 Windows 窗口的"开始"菜单进入 Quartus Ⅱ 集成环境,如图 5.2.2 所示。

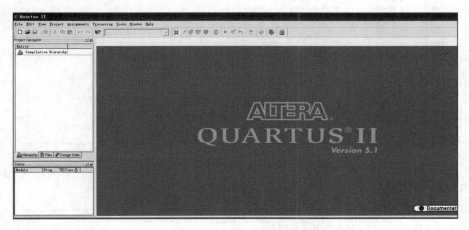

图 5.2.2　Quartus Ⅱ 集成环境界面

下面以文本输入法设计一个二输入与门为例介绍 Quartus Ⅱ 的使用方法。

注意：二输入与门在元件库中已存在，考虑到程序简单易懂，所以以此为例来描述 Quartus Ⅱ 的使用方法。

5.2.1 输入源程序

在 Quartus Ⅱ 集成环境下，选择"File"菜单中的"New"项，弹出如图 5.2.3 所示的对话框，在"Device Design Files"页面下双击"VHDL File"（或者选中该项后单击"OK"按钮）建立新文件并输入源程序，以 ∗. vhd（本例为 juli. vhd）为源程序的文件名，保存在 e:\QuartusII\juli 工程目录下，后缀为 .vhd，表示 VHDL 源程序文件。注意：VHDL 源程序的文件名应与设计实体名相同，否则在编译时会产生错误。源程序编辑如图 5.2.4 所示。

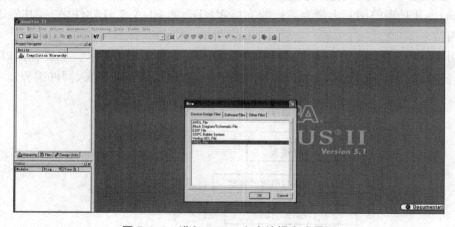

图 5.2.3 进入 VHDL 文本编辑方式界面

```
 1 LIBRARY IEEE;
 2 USE IEEE.STD_LOGIC_1164.ALL;
 3 ENTITY juli IS
 4 PORT(a,b:IN STD_LOGIC;
        Y:OUT STD_LOGIC);
 5
 6 END juli;
 7 ARCHITECTURE juli_1 OF juli IS
 8 BEGIN
 9 Y<=a AND b;
10 END juli_1;
11
```

图 5.2.4 juli. vhd 源程序编辑界面

juli. vhd 的源程序为：

LIBRARY IEEE;

USE IEEE. STD_LOGIC_1164. ALL;

ENTITY juli IS

PORT (a,b:IN STD_LOGIC;

Y:OUT STD_LOGIC);

END juli;

ARCHITECTURE juli_1 OF juli IS

BEGIN

Y<=a AND b;

END juli_1;

5.2.2 生成设计元件符号

在完成 juli. vhd 源程序的输入后,为了能在图形编辑器中调用 juli,需要为它建立一个元件符号。在 Quartus Ⅱ 集成环境下,选择"File"菜单中的"Create Symbol File for Current File"项,对 juli. vhd 进行编译。如果源程序中不存在语法错误,编译后生成 juli 的图形符号,如图 5.2.5 所示。

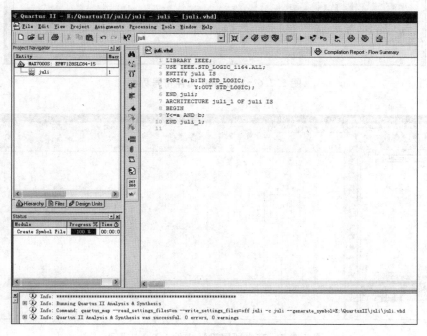

图 5.2.5 生成设计元件符号界面

说明:如果在第一步中设计的电路在后继电路中不需要再次使用,那么第二步可以不执行,直接将源程序设成顶层文件。

5.2.3 产生顶层设计文件

顶层设计文件就是调用 juli 功能元件,构成一个完整的设计。在本实验中,直接把 juli 文件作为顶层设计文件,在 Quartus Ⅱ 集成环境下,选择"File"菜单中的"New"项,在弹出的对话框中,选择"Block Diagram/Schematic File"并单击"OK"按钮,进入 Quartus Ⅱ 图形编辑方式。在图形编辑框中,单击鼠标右键,选择"Insert Symbol",点击 Libraries 下 Project

中的 juli,如图 5.2.6 所示,即可在 Quartus Ⅱ 图形编辑方式调出 juli 元件符号。这是一个二输入—输出的简单门电路,以它为顶层设计文件 juli.bdf,如图 5.2.7 所示。当然,也可以用同样的方法生成其他元件符号,并依次调用构成一个较复杂的电路。

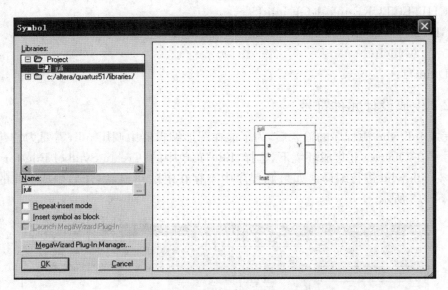

图 5.2.6 调出 juli 元件符号界面

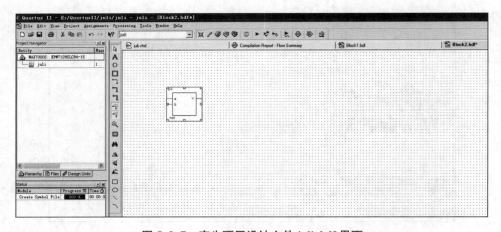

图 5.2.7 产生顶层设计文件 juli.bdf 界面

5.2.4 编译顶层设计文件

用 VHDL 设计数字逻辑电路的最终目的是得到满足设计功能的硬件电路。顶层设计文件得到后,还要下载到目标芯片,这里的目标芯片是指 CPLD。编译顶层设计文件的操作包括:选择用于下载的目标芯片,并根据目标芯片的引脚分布规则确定顶层设计文件图形中的输入/输出信号线的连接方式,即把哪一条输入/输出线接到目标芯片的哪一条"Pin"。

为了获得与目标器件对应的精确时序仿真文件,在对文件编译前必须选定最后实现本设计项目的目标器件,在 Quartus Ⅱ 环境下,本实验选用 Altera 公司 MAX7000 系列

EPM7128SLC84-15 型 CPLD(读者可根据具体情况选择),如图 5.2.8 所示。

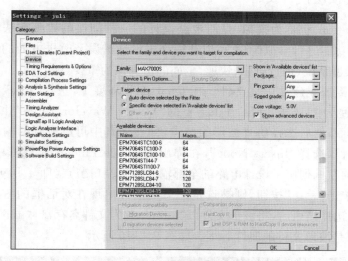

图 5.2.8 选择目标器件界面

　　具体方法如下:在 Quartus Ⅱ 环境下,在"Assignments"菜单中选择器件选择项"De-vice",在弹出窗口的器件序列栏"Device Family"中选定目标器件对应的序列名,如 EPM7128S 对应的是 MAX7000S 系列。选中"Speed grade"项中的"Any",以便显示所有速度级别的器件,如图 5.2.8 所示。完成器件选择后,单击"OK"按钮。在目标芯片确定后,为了把本例设计的电路下载到目标芯片 EPM7128SLC84-15 中,还需要确定引脚的连接,即指定设计电路的输入端口与目标芯片哪一个引脚连接在一起,这个过程称为"引脚锁定",如图 5.2.9 所示。然后选择"Quartus Ⅱ"菜单中的编译器"Compiler"项,启动编译器。此编译器的功能包括网表文件提取、设计文件排错、逻辑综合、逻辑分配、适配(结构综合)、时序仿真文件提取和编程下载文件装配等。

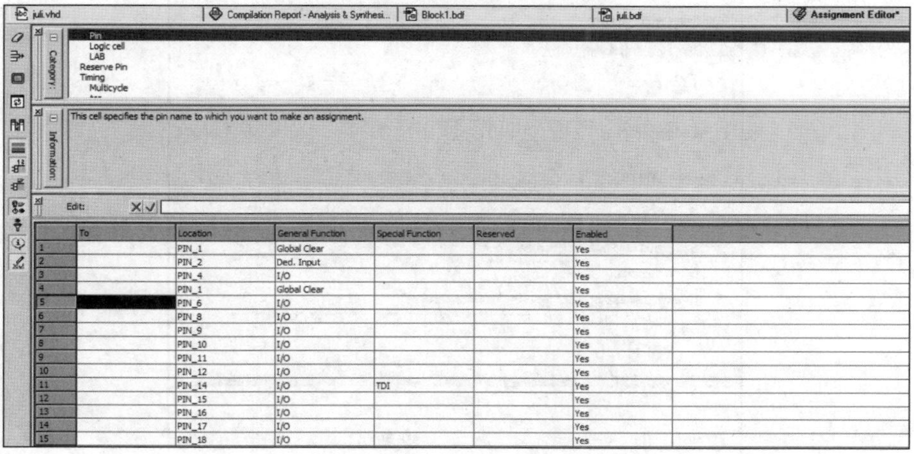

图 5.2.9 引脚锁定界面

5.2.5　仿真顶层设计文件

仿真(Simulation)也称为模拟,是对电路设计的一种间接的检测方法。对电路设计的逻辑行为和运行功能进行模拟检测,可以获得许多设计错误及改进方面的信息。对于利用 VHDL 设计的大型系统,进行可靠、快速、全面的仿真尤为重要。

进行仿真时需要先建立仿真文件。在 Quartus Ⅱ 环境下,选择"File"菜单中的"New"项,在弹出的对话框中,选择"Other Files"下的"Vector Waveform File"并单击"OK"按钮,出现仿真文件界面,然后选择仿真波形的节点,即在仿真中可以看到的输入输出端口的波形。单击鼠标右键,选择"Insert Node",在弹出的"Node Finder"对话框中,单击"List"按钮,则在对话框的左框列出了设计电路的全部输入输出端口节点,即 a、b、y。用鼠标将要选定的节点扫黑,单击"=>"按钮,则被选定的节定信号出现在对话框的右框中,单击"OK"按钮即可。节点选择结束后,将波形文件以"juli. vwf"为文件名存盘,"juli"是用户定义的波形文件名,"vwf"是波形文件的属性后缀。如图 5.2.10 所示。

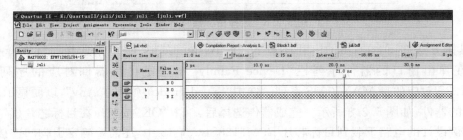

图 5.2.10　建立仿真文件界面

在 Quartus Ⅱ 环境下,选择"Tools"菜单中的"Simulator Tool"项,在弹出的如图 5.2.11所示的对话框中,单击"Start"按钮后开始仿真,仿真结果如图 5.2.12 所示。

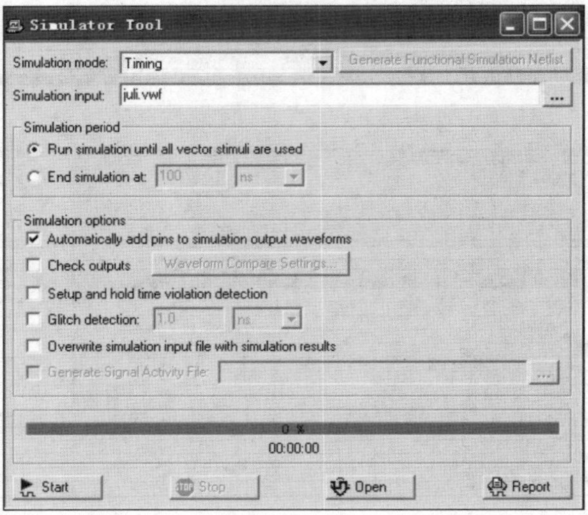

图 5.2.11　仿真开始界面

从仿真结果可以判断电路的波形是正确的。从仿真结果还可以进一步了解信号的延

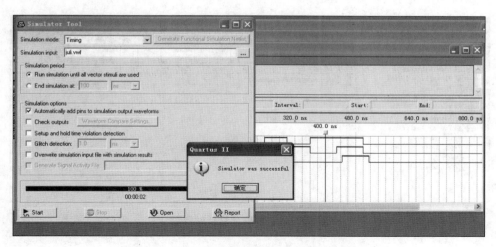

图 5.2.12 juli 顶层设计文件仿真成功界面

时情况。

如图 5.2.13 所示仿真波形图左侧的竖线是测试参考线,其上方标出的 150 ns 是此线所在的位置,它与鼠标箭头间的时间差显示在窗口上方的"Interval"栏中,其值为 15.59 ns,由图可见输入与输出波形间有一个小的延迟量。

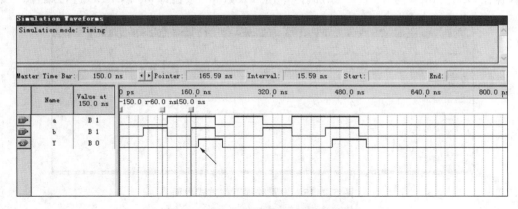

图 5.2.13 仿真结果及延迟分析界面

为了精确测量本测试电路输入输出波形间的延时量,可打开时序分析器,方法是选择"Tools"菜单中的"Timing Analyzer"项,在弹出的分析器窗口中单击"Start"按钮,延时信息即显示在图表中,如图 5.2.14 所示,其中,左排的列表是输入信号,上排列出输出信号,中间是对应的延时量,这个延时量是精确针对 EPM7128SLC84-15 的。

在仿真过程中,可以设定仿真时间宽度。仿真界面下,点击鼠标右键,编辑"Zoom"菜单中的"Start time"、"End time"项,选择适当的仿真时间域,如可选 20 μs,以便有足够长的观察时间。

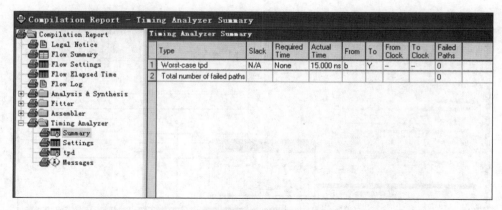

图 5.2.14　精确测量延时界面

5.2.6　下载顶层设计文件

在下载顶层设计文件之前,需要将硬件测试系统(如数字设计实验箱)通过计算机的并行口(或 USB 口)与计算机连接好,打开电源。

设定下载方式,选择"Tools"菜单中的编程器"Programmer",弹出如图 5.2.15 所示的编程器窗口,将"File"与"Device"添加好,单击"Program"按钮即可对 CPLD 进行编程。

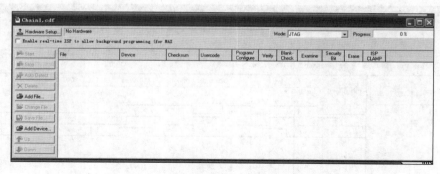

图 5.2.15　设置编程下载方式界面

接着就可以在实验箱上进行硬件功能测试,若测试结果与仿真情况完全一致,说明设计是成功的。到此为止,完整的设计流程全部结束。

5.3　数据选择器的设计

本节的重点如下:

(1) 熟悉 Quartus Ⅱ 平台下用 VHDL 设计组合电路的流程。

(2) 掌握 VHDL 程序中库文件的引用方法。

(3) 体会程序中实体(entity)的描述方法。

(4) 体会程序中结构体(architecture)与实体的关系。

5.3.1 实验目的

(1) 掌握 QuartusⅡ平台下用文本输入设计法设计电路的方法。
(2) 熟悉用 VHDL 设计数据选择器的方法。
(3) 学会对数据选择器进行功能扩展。

5.3.2 实验原理

选择器常用于信号的切换,四选一数据选择器可以用于 4 路信号的切换,有四个信号输入端 $d_0 \sim d_3$,两个信号选择输入端 s_1 和 s_0 及一个信号输出端 y。当 s_1、s_0 输入不同的选择信号时,就可以使 $d_0 \sim d_3$ 中相应的输入信号与输出 y 端接通。例如,当 s_1、$s_0 =$ "0、0"时,d_0 就与 y 接通。其功能框图如图 5.3.1 表示。详细的输入与输出之间的关系如表 5.3.1 表示。

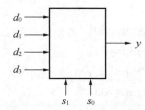

图 5.3.1 四选一数据选择器框图

表 5.3.1 四选一电路真值表

选择输入		数 据 输 入				数据输出
s_1	s_0	d_0	d_1	d_2	d_3	y
0	0	0	×	×	×	0
0	0	1	×	×	×	1
0	1	×	0	×	×	0
0	1	×	1	×	×	1
1	0	×	×	0	×	0
1	0	×	×	1	×	1
1	1	×	×	×	0	0
1	1	×	×	×	1	1

5.3.3 实验内容

(1) 用 VHDL 设计一个四选一电路,硬件实测设计结果并与第 2 章中所用的专用集成电路 74LS153 的功能进行比较,用示波器观察两者的时延有何不同。

为了读者使用方便,这一部分内容以例题的形式给出设计步骤。

① 编辑源程序如下:

```
LIBRARY IEEE;
USE IEEE. STD_LOGIC_1164. ALL;              //引用库文件
```

```
    ENTITY mux4 IS                                    //定义实体名
       PORT(s1,s0:IN STD_LOGIC;                       //定义输入、输出变量
            d3,d2,d1,d0:IN STD_LOGIC;
            y: OUT STD_LOGIC);
    END mux4;                                          //实体描述结束
  ARCHITECTURE mux4_1 OF mux4 IS                       //定义结构体名及与实体的关系
  SIGNAL s:STD_LOGIC_VECTOR(1 downto 0);               //定义信号类型
  SIGNAL y_temp:STD_LOGIC;
    BEGIN
       s<=s1&s0;
       PROCESS(s1,s0,d3,d2,d1,d0)
         BEGIN                                         //以行为方式描述结构体
           CASE s IS
              WHEN"00"⇒y_temp<=d0;
              WHEN"01"⇒y_temp<=d1;
              WHEN"10"⇒y_temp<=d2;
              WHEN"11"⇒y_temp<=d3;
              WHEN others⇒y_temp<='x';
           END CASE;
       END PROCESS;
    y<=y_temp;
  END mux4_1;
```

② 将当前文件设置成顶层 Project,并选择目标器件为 EPM7128SLC84-15。

③ 编译此顶层文件 mux4.vhd,然后建立波形仿真文件。

④ 对 mux4.vhd 的波形仿真文件完成输入信号 d3、d2、d1、d0 和输入电平 s1、s0 的设置,启动仿真器 Simulator,观察输出波形的情况。

⑤ 锁定引脚,编译并编程下载。

⑥ 硬件实测此数据选择器的逻辑功能。

(2) 参考附录 B,将四选一数据选择器源程序的结构体部分用数据流方式描述。

(3) 在以上内容的基础上,采用调用文件的方法,设计八选一数据选择器,硬件实测电路功能并与 74LS151 的功能进行比较。

5.3.4　实验报告

(1) 记录输入/输出波形,验证电路逻辑功能是否符合要求。

(2) 写出行为描述与数据流描述的区别。

(3) 将实验内容(1)中"case…is…when"指令描述部分转换成用"if…then…elseif…endif"指令描述。

(4) 写出实验内容(2)、(3)的完整设计流程。

5.4 触发器的设计

本节重点如下：
(1) 掌握 VHDL 程序中时钟的描述方法。
(2) 体会在仿真过程中时钟频率的选择与器件时延的关系。

5.4.1 实验目的

(1) 掌握在 Quartus Ⅱ 平台下用文本输入法设计时序电路的方法。
(2) 熟悉用 VHDL 设计 D 触发器和 JK 触发器的方法。
(3) 能够利用波形图分析电路功能。

5.4.2 实验原理

参考第 2.6 节。

5.4.3 实验内容

(1) 用文本输入法设计下降沿触发的 D 型触发器。
① 设计提示：程序的结构体部分可以用"if…then…endif"指令。
结构体部分参考描述：
IF(clk′event)AND(clk=′0′)THEN
　　Q⇐D;
END IF;
　上面的程序中，当 clk 产生了变化且 clk 的电位为 0 时，也就是时序脉冲 clk 发生负沿变化时，将输入端 D 的信号设定给输出端 Q。
② 编辑完整的 D 型触发器源程序。
(2) 用文本输入法设计上升沿触发的 JK 触发器。
① 设计提示：程序的结构体部分可以用"case…is…when"指令。
结构体部分参考描述：
ARCHITECTURE jk‒ arch OF jk IS
　SIGNAL s:STD‒ LOGIC‒ VECTOR(1 downto 0);
　SIGNAL qout: STD‒ LOGIC;
BEGIN
　s⇐j&k;
　PROCESS(clk,reset qout)
　　BEGIN
　　　IF　reset=′1′THEN
　　　　qout ⇐′0′;
　　　　　ELSEIF clk ′event AND clk=′1′ THEN

// 当时钟发生正沿 ⌐ 变化时，处理 case 语句

    CASE jk IS

      WHEN″11″⇒ qout ⇐not qout；；

      WHEN″01″⇒ qout ⇐′0′；

      WHEN″10″⇒ qout ⇐′1′；

      WHEN others⇒null；

    END CASE；

  END IF

q⇐qout；

nq⇐not qout；

END PROCESS；

END jk_arch；

② 将程序补充完整，并将当前文件设置成 Project，选择目标器件为 EPM7128SLC84-15。

③ 编译此顶层文件 jk. vhd，然后建立波形仿真文件。

④ 对 jk. vhd 的波形仿真文件，完成输入信号、输入电平的设置，启动仿真器 Simulator，观察输出波形的情况。

⑤ 锁定引脚，编译并编程下载。

⑥ 硬件实测 JK 触发器的逻辑功能。

（3）用文本输入法设计下降沿触发的 JK 触发器。

5.4.4　实验报告

（1）写出所有实验内容完整的 VHDL 源程序。

（2）写出如何处理时钟频率、器件时延与输入信号的关系。

（3）写出在 VHDL 中如何表示时序电路的工作受时钟信号的控制，以及同步与异步复位信号在程序的描述上有何差别。

5.5　移位寄存器的设计

本节重点如下：

（1）掌握输入输出双向端口的使用方法。

（2）VHDL 中串加或连结符号"&"的使用。

（3）向量（vector）的使用。

5.5.1　实验目的

（1）掌握 VHDL 程序中移位或循环功能的实现方法。

（2）能独立使用文本输入法设计移位寄存器。

5.5.2　实验原理

（1）双向端口模式

如果声明引脚的工作模式为双向，说明该引脚的信号可以驱动实体以外的电路，同时，也可以反馈到实体内部使用，即当引脚被声明成 inout 时，它同时代表 in、out 及 buffer 的工作模式。

（2）移位运算

当需要将带有符号（signed）或不带符号（unsigned）的数据乘以 2 或除以 2 时，往往会使用移位（shift）指令来完成。另外，在 CPU 的硬件架构中，移位或循环（rotate）寄存器是必备的元件，因此 VHDL 中提供了有关 shift 和 rotate 的指令，请读者自行到 help 中查阅、学习。本实验的移位功能采用对象连接"&"实现。

（3）连接符号"&"

连接是指把 2 组数据类型（data type）相同的对象（data object）相互连接在一起，也可以称为串接，符号为"&"。连接符号"&"只是用来方便做信号的合并串接工作，当程序进行合成时，不会增加任何硬件电路。

（4）移位寄存器

移位寄存器按照移位的方向可分成往左边移位（shift left）和往右边移位（shift right）两类，按照移位的方式可分成移位（shift）及循环（rotate）两类。

这两类移位方式在电路的结构上是十分相似的。它们最大的不同之处在于所要移入第 1 级寄存器的数据来源。如果移入第 1 级的数据来自外界，它就是移位寄存器；如果移入第 1 级的数据来自电路本身的最后一级，它就是循环寄存器。

5.5.3　实验内容

（1）设计一个 8 位右移移位寄存器。

① 参考源程序如下：

```
//8 位右移移位寄存器描述
LIBRARY IEEE;
USE IEEE. STD_LOGIC_1164. ALL;
ENTITY sr8 IS
PORT(
clk: IN STD_LOGIC;
din: IN STD_LOGIC;
reset: IN STD_LOGIC;
q: INOUT STD_LOGIC _VECTOR(7 downto 0)
);
END sr8;
ARCHITECTURE sr8_arch OF sr8 IS
BEGIN
```

```
PROCESS (clk, reset, q)
    BEGIN
        IF reset='0' THEN
        q<="00000000";
        ELSEIF clk'event AND clk='1'THEN
        q<=din&q(7 downto 1);
        END IF;
    END PROCESS;
END sr8_arch;
```

② 将当前文件设置成 Project,并选择目标器件为 EPM7128SLC84-15。

③ 编译此顶层文件 sr8. vhd,然后建立波形仿真文件。

④ 对 sr8. vhd 的波形仿真文件完成输入信号、输入电平的设置,启动仿真器 Simula-tor,观察输出波形的情况。

⑤ 将输入信号和输出信号锁定在 EPM7128SLC84-15 目标芯片的引脚,编译并编程下载。

⑥ 硬件实测 8 位右移移位寄存器的逻辑功能,检查设计结果是否正确。

(2) 设计一个 8 位左移移位寄存器。

5.5.4　实验报告

(1) 请写出移位寄存器可应用在哪些方面。

(2) 独立编写 8 位左移移位寄存器的源程序,记录、分析仿真与硬件测试结果。

(3) 查阅资料后,将实验内容(1)源程序的 ARCHITECTURE 部分改成用 VHDL 中的移位指令(shift)实现。

5.6　数字秒表的设计

本节重点是体会用 VHDL 设计或修改复杂电路的优越性。

5.6.1　实验目的

(1) 熟练掌握用 VHDL 设计数字秒表的方法。

(2) 掌握将复杂电路分模块设计的思想。

5.6.2　实验原理

秒表的电路结构主要有分频器 CLKGEN、十进制计数器/分频器 CNT10 和六进制计数器/分频器 CNT6。设计中需要获得一个比较精确的 100 Hz(周期为 1/100 s)计时脉冲。将 3 MHz 的输入频率送到分频器 CLKGEN 进行 3 000 分频后,得到 100 Hz 的频率由 NEWCLK 输出,将 NEWCLK 输出信号经过两个十进制计数器 CNT10 分频,得到 0.00~0.99 s 的输出 DOUT[7..4]和 DOUT[3..0],并产生 1 s 进位输出。1 s 进位输出经过

CNT10 和 CNT6 构成 60 分频器分频后,得到 0~59 s 的输出 DOUT[15..12]和 DOUT [11..8],并产生 1 min 进位输出。1 min 进位输出经过由 CNT10 和 CNT6 构成 60 分频器 分频后,得到 0~59 min 的输出 DOUT[23..20]和 DOUT[19..16]。

另外,秒表电路用 ENA 作为计时允许信号,当 ENA=1 时计时开始,ENA=0 时,计时 结束。CLR 是清除信号,当 CLR=1 时,秒表记录的时间被清除。

5.6.3 实验内容

(1) 采用文本输入法设计数字秒表。

① 设计提示:根据对实验原理的分析,需要编写 3 000 分频器 CLKGEN、十进制计数器 CNT10 和六进制计数器 CNT6 的 VHDL 源程序,并分别用 CLKGEN. vhd、CNT10. vhd 和 CNT6. vhd 为源文件名存于工作目录中。

参考源程序如下:

```
//3000 分频器
LIBRARY IEEE;
USE IEEE. STD_LOGIC_1164. ALL;
USE IEEE. STD_LOGIC_UNSIGNED. ALL;
ENTITY clkgen IS
    PORT(clk:IN STD_LOGIC;
          newclk:OUT STD_LOGIC);
END clkgen;
ATCHITECTURE one OF clkgen IS
  SIGNAL cnter:integer ranger 0 to 16#752f#; —16#752f#=29999
  BEGIN
  PROCESS(clk)
BEGIN
  IF clk'event AND clk='1'THEN
    IF cnter=16#752f# THEN cnter<=0;
      ELSE cnter<=cnter+1;
    END IF;
  END IF;
 END PROCESS;
PROCESS(cnter)
  BEGIN
  IF cnter=16#752f# then newclk<='1';
    ELSE newclk<='0';
  END IF;
 END PROCESS;
END one;
```

```vhdl
// 十进制计数器
LIBRARY IEEE;
USE IEEE. STD_LOGIC_1164. ALL;
USE IEEE. STD_LOGIC_UNSIGNED. ALL;
ENTITY cnt10 IS
    PORT(clk,rst,ena: IN STD_LOGIC;
            outy:OUT STD_LOGIC _VECTOR(3 downto 0);
            cout:OUT STD_LOGIC);
END cnt10;
ARCHITECTURE one OF cnt10 IS
  SIGNAL cqi: STD_LOGIC _VECTOR (3 downto 0):="0000";
  BEGIN
   p_reg: PROCESS (clk,rst,ena)
     BEGIN
       IF rst='1'THEN cqi<="0000";
          ELSEIF clk 'event AND clk='1'THEN
            IF ena='1' THEN
              IF cqi<9 THEN cqi<=cqi+1;
                ELSE cqi<="0000";
                END IF;
              END IF;
            END IF;
         outy<=cqi;
     END PROCESS p_reg;
cout<=nout(cqi(0)and cqi(3));
END one;
// 六进制计数器
LIBRARY IEEE;
USE IEEE. STD_LOGIC_1164. ALL;
USE IEEE. STD_LOGIC_UNSIGNED. ALL;
ENTITY cnt6 IS
    PORT(clk,rst,ena: IN STD_LOGIC;
            outy: OUT STD_LOGIC _VECTOR (3 downto 0);
            cout: OUT STD_LOGIC);
END cnt6;
ARCHITECTURE one OF cnt6 IS
  SIGNAL cql: STD_LOGIC _VECTOR 3 downto 0):="0000";
  BEGIN
```

```
p－reg：PROCESS（clk，rst，ena）
 BEGIN
    IF rst＝'1'THEN cqi⇐"0000"；
       ELSEIF clk 'event AND clk＝'1'THEN
          IF ena＝'1' THEN
             IF cqi＜5 THEN cqi⇐cqi＋1；
             ELSE cqi⇐"0000"；
             END IF；
           END IF；
        END IF；
     outy⇐cqi；
 END PROCESS p－reg；
 cout⇐nout(cqi(0)and cqi(2))；
END one；
```

② 仿真所设计的秒表电路,分析时序波形。

③ 编译、综合和适配秒表顶层设计文件,并编程下载到目标器件中。

④ 硬件验证设计的秒表电路功能。

（2）采用文本输入法设计多功能数字钟。

（3）将第 3 章中采用传统设计法实现的多功能数字钟电路与实验内容（2）进行性能比较,总结这两种设计方法各自的优缺点。

5.6.4　实验报告

（1）描述完整的多功能数字钟的设计流程,分析仿真与硬件测试结果。

（2）通过查阅资料,使用"状态机"的思想设计数字秒表,并将设计结果与实验内容（1）进行比较?

（3）总结第 5 章的收获与体会。

附录

附录 A　常用 IC 封装

74LS00 四 2 输入与非门

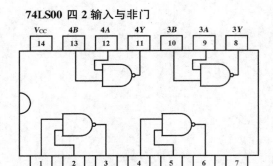

功能:$Y=\overline{A \cdot B}$

74LS02 四 2 输入或非门

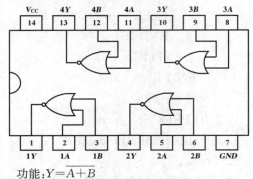

功能:$Y=\overline{A+B}$

74HC01 四 2 输入 OC 与非门

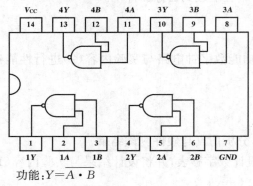

功能:$Y=\overline{A \cdot B}$

74LS03 四 2 输入 OC 与非门

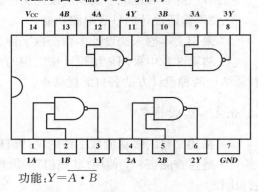

功能:$Y=\overline{A \cdot B}$

74LS04 六反相器

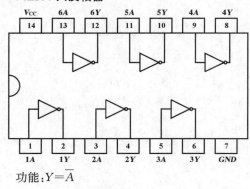

功能:$Y=\overline{A}$

74LS06 六输出高压反相器

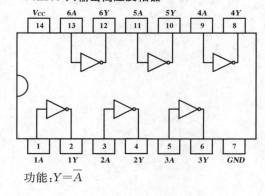

功能:$Y=\overline{A}$

74LS08 四 2 输入与门

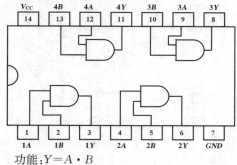

功能:$Y = A \cdot B$

74LS10 三 3 输入与非门

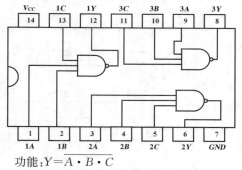

功能:$Y = \overline{A \cdot B \cdot C}$

74LS11 三 3 输入与门

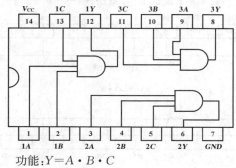

功能:$Y = A \cdot B \cdot C$

74LS14 六施密特反相器

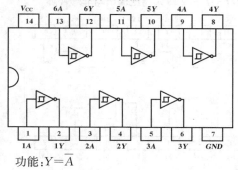

功能:$Y = \overline{A}$

74LS20 二 4 输入与非门

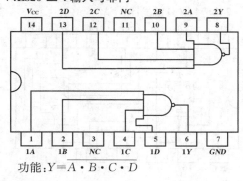

功能:$Y = \overline{A \cdot B \cdot C \cdot D}$

74LS21 二 4 输入与门

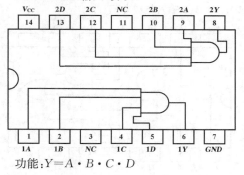

功能:$Y = A \cdot B \cdot C \cdot D$

74LS05 六路 OC 反相器

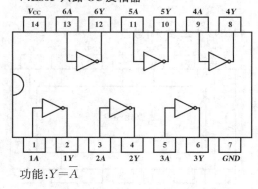

功能:$Y = \overline{A}$

74LS09 四 2 输入 OC 与门

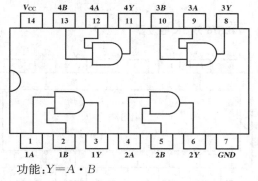

功能:$Y = A \cdot B$

74LS27 三 3 输入或非门

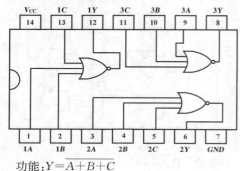

功能：$Y = \overline{A+B+C}$

74LS32 四 2 输入或门

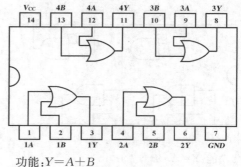

功能：$Y = A+B$

74LS37 三 2 输入高压输出与非缓冲器

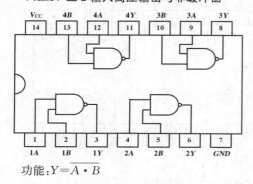

功能：$Y = \overline{A \cdot B}$

74LS48 七段译码器/驱动器

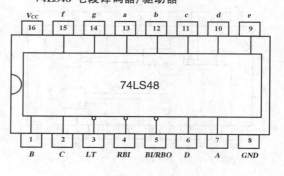

74LS51 3、2 输入与或非门

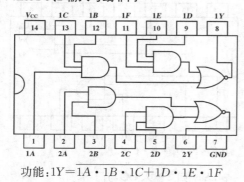

功能：$1Y = \overline{1A \cdot 1B \cdot 1C + 1D \cdot 1E \cdot 1F}$

$2Y = \overline{2A \cdot 2B + 2C \cdot 2D}$

74LS74 双 D 触发器

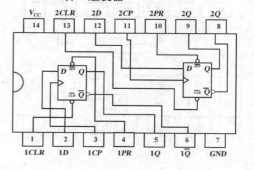

74LS76 双 JK 触发器

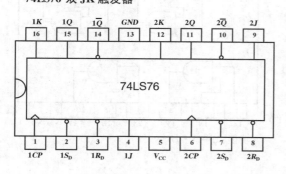

74LS92 十二分频计数器

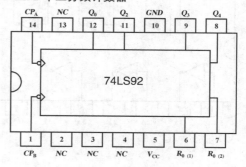

74LS85 4 位数值比较器

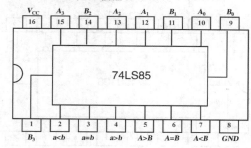

74LS86 四 2 输入异或门

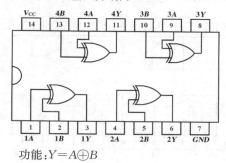

功能:$Y=A\oplus B$

74LS121 施密特触发器输入单稳态触发器

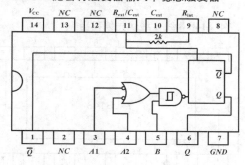

CD4000 二 3 输入或非门一非门

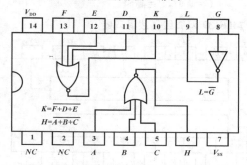

$K=\overline{F+D+E}$

$H=\overline{A+B+C}$

$L=\overline{G}$

74LS90 十进制计数器

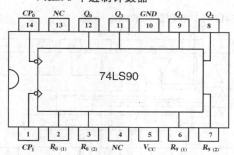

74LS112 双下降沿 JK 触发器

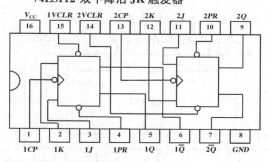

74LS123 可重触发双稳态触发器

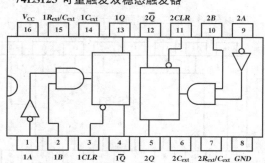

74LS125 四总线缓冲器(三态门)

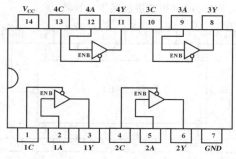

功能:$C=0$ 时,$Y=A$

　　　$C=1$ 时,$Y=$高阻

74LS126 四总线缓冲器(三态门)

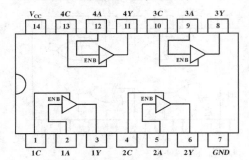

功能:C＝1 时,Y＝A

　　　C＝0 时,Y＝高阻

74LS138 3 线-8 线译码器

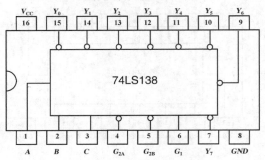

74LS139 双 2 线-4 线译码器

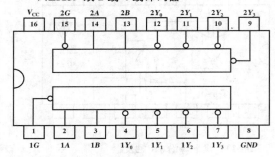

74LS148 8 线-3 线优先编码器

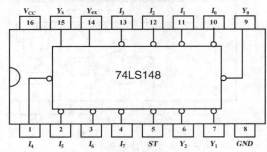

74LS151 八选一数据选择器

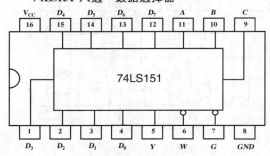

74LS153 双四选一数据选择器

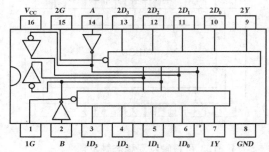

74LS161 4 位二进制同步计数器

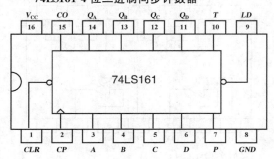

74LS163 4 位二进制同步计数器

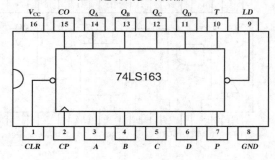

74LS190 十进制同步加/减计数器

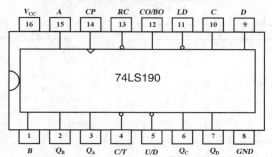

74LS192 十进制同步加/减计数器

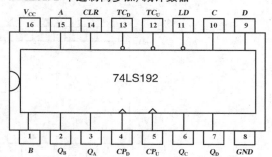

74LS194 4 位双向通用移位寄存器

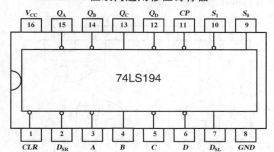

74LS279 四 RS 锁存器

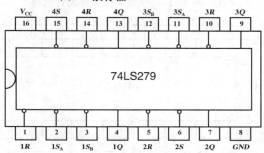

74LS198 8 位并行双向移位寄存器

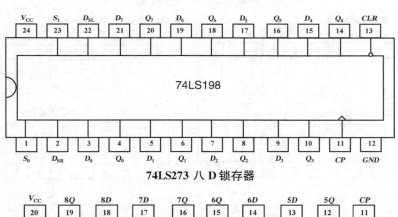

74LS273 八 D 锁存器

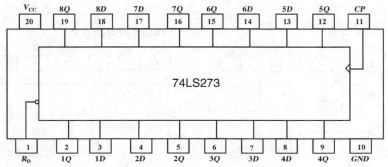

74LS283 快速进位 4 位二进制全加器

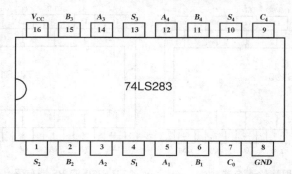

74LS390 LSTTL 型双 4 位十进制计数器

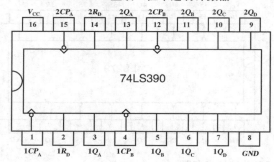

CD4001 四 2 输入或非门

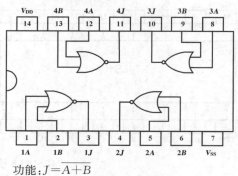

功能：$J=\overline{A+B}$

CD4010 六缓冲/转换器

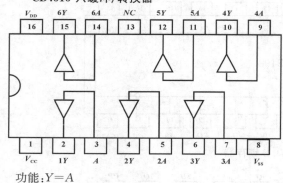

功能：$Y=A$

CD4011 四 2 输入与非门

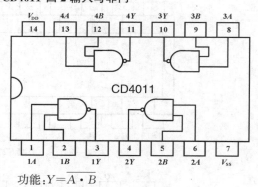

功能：$Y=\overline{A \cdot B}$

CD4012 双 4 输入与非门

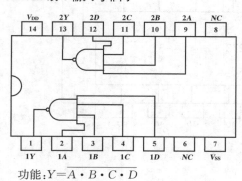

功能：$Y=\overline{A \cdot B \cdot C \cdot D}$

CD4013 双 D 触发器

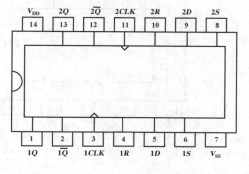

CD4017 十进制计数/分频器

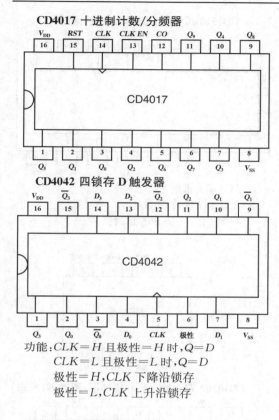

CD4043 四三态 RS 锁存触发器

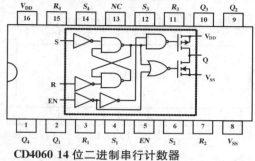

CD4042 四锁存 D 触发器

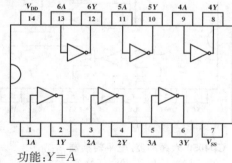

功能:$CLK=H$ 且极性$=H$ 时,$Q=D$

$CLK=L$ 且极性$=L$ 时,$Q=D$

极性$=H$,CLK 下降沿锁存

极性$=L$,CLK 上升沿锁存

CD4060 14 位二进制串行计数器

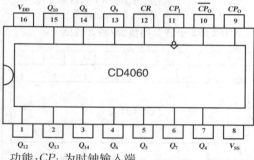

功能:CP_1 为时钟输入端

CP_O 为时钟输出端

$\overline{CP_O}$ 为反相时钟输出端

$Q_4 \sim Q_{10}$,$Q_{12} \sim Q_{14}$ 为计数输出端

CD4069 六反相器

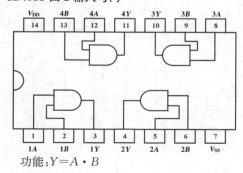

功能:$Y=\overline{A}$

CD4071 四 2 输入或门

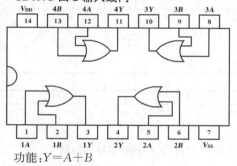

功能:$Y=A+B$

CD4081 四 2 输入与门

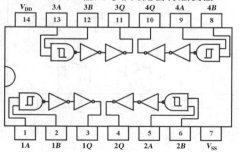

功能:$Y=A \cdot B$

CD4093 四 2 输入与非门施密特触发器

CD40110 十进制可逆计数器/锁存器/译码器/驱动器

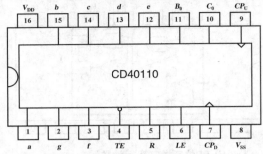

功能:$LE=H$ 时锁存显示,显示不随计数变化
　　　$LE=L$ 时不锁存,显示随计数变化

CD40192 十进制同步加/减计数器

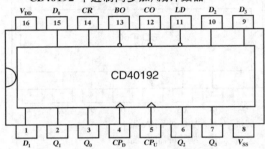

CD4511 BCD 锁存/七段译码器/驱动器

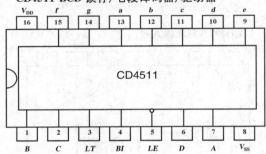

CD4049 六反相缓冲器/电平转换器

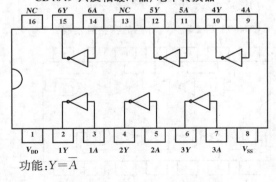

功能:$Y=\overline{A}$

CD4510 可预置 BCD 码加/减计数器

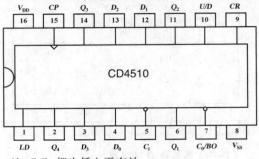

注:$C_i C_0$ 都为低电平有效
　　$U/D=H$ 加计数,$U/D=L$ 减计数

555 定时器

CD40107 双 2 输入与非缓冲器/驱动器(三态)

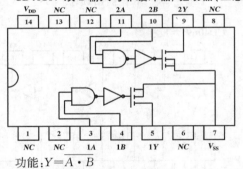

功能:$Y=\overline{A \cdot B}$

CD4050 六缓冲器/电平转换器

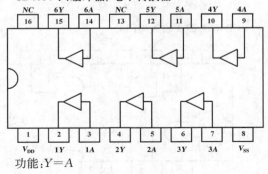

功能:$Y=A$

CD4066 四双向开关

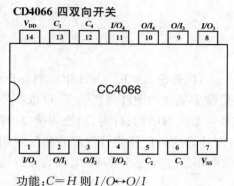

功能：$C=H$ 则 $I/O \leftrightarrow O/I$
　　　$C=L$ 则 I/O 或 O/I 间高阻

CD14543 4 线-七段译码器

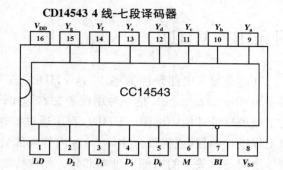

注：接共阴极发光二极管 $M=L$
　　接共阳极发光二极管 $M=H$
　　接液晶显示器，从 M 端输入

附录 B   VHDL

甚高速集成电路硬件描述语言（VHDL——Very High Speed IC（VHSIC）Hardware Description Language），是一种用普通文本形式设计数字系统的硬件描述语言，可以在任何文字处理软件环境中编辑。VHDL 程序通过描述数字系统的结构、行为、功能和接口，将一项工程设计项目（或称设计实体）分成内外两部分，即外部端口信号的可视部分和反映端口信号之间逻辑关系的内部不可视部分。相比传统的电路设计方法，用 VHDL 语言设计电路具有设计简单、阅读方便的特点。

B.1   VHDL 的基本结构

一个完整的 VHDL 程序通常包含实体（Entity）、构造体（Architecture）、配置（Configuration）、包集合（Package）和库（Library）五个部分。前四部分是可分别编译的源设计单元。实体用于描述所设计的系统的外部接口信号；构造体用于描述系统内部的结构和行为；包集合存放各设计模块都能共享的数据类型、常数和子程序等；配置用于从库中选取所需单元来组成系统设计的不同版本；库存放已经编译的实体、构造体、包集合和配置。库可由用户生成或由专用集成电路（ASIC）制造商提供，以便于在设计中为大家所共享。

例 B.1 是一个完整的 VHDL 源程序实例。

【例 B.1】 用 VHDL 设计一个非门

非门即 $y=\bar{a}$。设反相器的 VHDL 的文件名是 not.vhd，其中的 .vhd 是 VHDL 程序文件的扩展名。程序结构如下：

```
//库和程序包部分
LIBRARY IEEE;                        //—打开 IEEE 库
USE IEEE.STD_LOGIC_1164.ALL;         //调用库中 STD_LOGIC_1164 程序包
//实体部分
ENTITY not IS                        //实体名为 not
    PORT(                            //端口说明
        a:IN STD_LOGIC;             //定义 a 为输入端口,标准逻辑型数据
        y:OUT STD_LOGIC);           //定义 y 为输出端口,标准逻辑型数据
END not;                             //实体结束
//结构体部分
ARCHITECTURE arc OF not IS           //结构体名为 arc
BEGIN
    Y<=NOT a;                       //a 取反后传给 y
END arc;
```

第 1 部分是库和程序包，是用 VHDL 编写的共享文件，定义结构体和实体中要用到的数据类型、元件、子程序等，放在名为 IEEE 的库中。

第 2 部分是实体，定义了电路单元对外的引脚信息。实体名是自己任意取的，但必须与

项目名和文件名相同,并符合标识符规则。实体以 ENTITY 开头,以 END 结束。

第 3 部分是结构体,用来描述电路的内部结构和逻辑功能。这是程序最关键的部分,因此在 B.8 节对结构体的描述方式设置了相关例题,以帮助读者了解它们的不同风格。

两条短画线是注释标识符,其右侧内容是对程序的具体注释,并不执行。所有语句都是以分号结束。另外,程序中不区分字母的大小写。

B.2　VHDL 的数据类型

VHDL 中有十种数据类型,有布尔代数(BOOLEAN)型、位逻辑(BIT)型、位矢量(BIT_VECTOR)型、标准逻辑(STD_LOGIC)型、标准逻辑矢量(STD_LOGIC_VECTOR)型、整数(INTEGER)型等,但是在逻辑电路设计中通常只用两种:BIT 型和 BIT_VECTOR 型。

BIT 型只有逻辑"1"和逻辑"0"这两种取值。例如:SIGNAL x:BIT,表示信号 x 被定义为位类型,取值用带单引号括起来的'0'和'1'表示。

BIT_VECTOR 型是用双引号括起来的一组数组,如"10110101",是基于 BIT 型的数组,可以表示总线状态,如:SIGNAL x:BIT_VECTOR(7 DOWNTO 0),表示信号 x 被定义为具有 8 位位宽的量,最左边是 x(7),最右边是 x(0)。

在 VHDL 中,有时也利用 STD_LOGIC 型和 STD_LOGIC_VECTOR 型定义信号。STD_LOGIC 型是 BIT 型的扩展,共定义了 9 种值,除逻辑"0"与逻辑"1"外,还定义了如高阻、不定、不可能等七种值。

B.3　VHDL 的数据对象

在 VHDL 中定义了常量、变量和信号三种数据对象,并规定每个对象都要有唯一确定的数据类型。

(1) 常量

常量是指在设计实体中不会发生变化的量。例如,在电路中,常量的物理意义是电源值或地电平值;在计数器设计中,将模值存放于某一常量中,对不同的设计,改变常量的值,就可改变模值,修改起来十分方便。常量说明格式如下:

CONSTANT 常量名:数据类型:=表达式;

式中,符号":="表示赋值运算。

常量可以在定义的同时赋初值,例如:

CONSTANT VCC:REAL:=3.3;　　　　　//常量 VCC 的类型是实数,值为 3.3

CONSTANT GND:INTEGER:=0;　　　　//常量 GND 的类型是整数,值为 0

常量一旦赋值之后,在程序中就不能再改变了。常量的使用范围取决于被定义的位置。在程序包中定义的常量具有最大全局化特征,可用在调用此程序包的所有实体中;定义在设计实体中的常量,其有效范围为这个实体所定义的所有结构体;而定义在某个结构体中的常量,只能用于此结构体;定义在结构体某一单元(如进程)的常量,则只能用在这一单元中。

常量所赋的值应该与定义的表达式数据类型一致,否则将会出现错误。例如:CON-

STANT VCC:REAL:＝"0101"，这条语句就是错误的，因为 VCC 的类型是实数（REAL），而其数值"0101"是位矢量（BIT_VECTOR）类型。以下变量与信号要求也如此。

（2）变量

变量属于局部量，只能在进程和子程序中定义和使用，主要用来暂存数据。可以在变量定义语句中赋初值，但变量初值不是必需的。

变量说明格式如下：

VARIABLE 变量名:数据类型 约束条件:＝表达式;

例如：

VARIABLE S1,S2:INTEGER:＝5;　　　　//定义整数型变量 S1,S2,并赋初值 5

VARIABLE a:STD_LOGIC:＝'0';　　　　//定义标准逻辑位变量 a;初值为逻辑"0"

（3）信号

信号是描述硬件系统的基本数据对象，是设计实体中并行语句模块间的信息交流通道。通常可认为信号是电路中的一根连接线。信号分为外部端口信号和内部信号。外部端口信号是设计单元电路的引脚或称为端口，在程序实体中定义，有 IN、OUT、INOUT、BUFFER 这四种信号流动方向，其作用是在设计的单元电路之间实现互联。外部端口信号供给整个设计单元使用，属于全局量。内部信号用来描述设计单元内部的信息传输，除了没有外部端口信号的流动方向外，其他性质与外部端口信号一致。内部信号可以在程序包、结构体和块语句中定义，使用范围与其在程序中的位置有关。如果只在结构体中定义，则只可在该结构体内使用。

信号说明格式如下：

SIGNAL 信号名:数据类型 约束条件:＝初始值;

例如：

SIGNAL a:INTEGER:＝5;　　　　//定义整数型信号 a,并赋初值 5

SIGNAL ground:BIT:＝'0';　　　　//定义位信号 ground,并赋初值 0

B.4　VHDL 的端口说明

端口说明语句负责对实体中输入和输出端口进行描述。实体与外界交流的信息必须通过端口输入或输出，端口的功能相当于元件的一个引脚。实体中的每一个输入、输出信号都被称为一个端口，一个端口就是一个数据对象。端口可以被赋值，也可以作为信号用在逻辑表达式中。

端口说明格式如下：

PORT（端口信号名 1:端口模式 数据类型;

　　……;

　　端口信号名 n:端口模式 数据类型）;

端口信号名是设计者为实体的每一个对外通道所取的名字;端口模式是指这些通道上的信号传输方向，共有以下四种传输模式：

（1）输入模式（输入端口）:IN

（2）输出模式（输出端口）:OUT

（3）双向模式（既可用做输入端口，也可用做输出端口）；INOUT

（4）缓冲输出模式（具有回读功能的输出模式，输出端口可再用做结构体的输入端口）；BUFFER

例如：

PORT（a：IN STD_LOGIC；

　　　　b：IN STD_LOGIC；

　　　　y：OUT STD_LOGIC）；

B.5　库及程序包调用

库用来存放已经编译的实体、结构体、程序包和配置，程序包用来存放各个设计都能共享的数据类型、子程序说明、属性说明和元件说明等部分的描述。当一个设计需要使用库中已编译的单元时，必须要在每个设计的 VHDL 源代码的开头说明要引用的库，然后使用 USE 语句指明要使用库中的哪一个设计单元。例如：

LIBRARY IEEE；　　　　　　　　　　　//调 IEEE 库

USE IEEE. STD_LOGIC_1164. ALL；　　//调用库中 STD_LOGIC_1164 程序包中
　　　　　　　　　　　　　　　　　　　　的所有项目

在 VHDL 源程序中，若用 STD_LOGIC 型和 STD_LOGIC_VECTOR 型定义信号或端口，就必须在程序的最开始部分加上上述语句，否则这两种数据类型不可以用。若用 BIT 型和 BIT_VECTOR 型，因其是默认类型，故程序文件可省略调库和程序包。

由于在编程时需要使用开发系统提供的程序包，而程序包有许多，要确定调用哪一个程序包，对于初学 VHDL 的人是很困难的。建议在程序首部加上以下调库和程序包命令，以解脱选库的困惑：

LIBRARY IEEE

USE IEEE. STD_LOGIC_1164. ALL；

USE IEEE. STD_LOGIC_SIGNED. ALL；

USE IEEE. STD_LOGIC_UNSIGNED. ALL；

B.6　VHDL 的逻辑运算

VHDL 有七种逻辑运算符：AND（与）、OR（或）、NAND（与非）、NOR（或非）、XOR（异或）、XNOR（同或）、NOT（非）。其中，NOT 优先级最高，其他六个运算符优先级相同。

一个表达式中如果有多个逻辑运算符，运算顺序的不同可能会影响运算结果，就需要用括号来解决组合顺序的问题。例如：$q=ab+\overline{cd}$，若写成 q⇐a AND b OR NOT c AND d，则编译出错，应写成：

q⇐（a AND b）OR（NOT（c AND d）），或 q⇐（a AND b）OR（c NAND d）。

如果逻辑表达式中只有 AND 或 OR 或 XOR 等，可以不加括号，因为对于这三种逻辑运算来说，改变运算顺序并不会改变结果的逻辑。例如：q⇐a AND b AND c AND d；q⇐a OR b OR c OR d；q⇐a XOR b XOR c XOR d；这三条语句都是正确的。而以下语句在语法上是错误的：q⇐a NAND b NAND c NAND d；q⇐a NOR b NOR c NOR d。

VHDL 还有算术运算符、合并运算符、移位运算符、关系运算符等。其中:关系运算符有六种:=(相等)、/=(不等)、>(大于)、<(小于)、<=(小于等于)、>=(大于等于);算术运算符有+(加)、-(减)、*(乘)、/(除)等八种;合并运算符是 &,用于位和位矢量的连接,就是将运算符右边的内容接在左边的内容之后形成一个数组。

B.7 VHDL 的基本语句

VHDL 语句用来描述系统内部硬件结构、动作行为及信号间的基本逻辑关系,这些语句不仅是程序设计的基础,也是最终构成硬件的基础。VHDL 程序主要有两类常用语句:顺序语句和并行语句。顺序语句是严格按照书写的先后顺序执行的,用来实现模型的算法部分;并行语句的执行顺序与语句的书写顺序无关,当某个信号发生变化时,受此信号触发的所有并行语句同时执行,用来实现模型的某个功能。VHDL 大部分语句是并行语句,只有在进程、过程、块和子程序(包括函数)等基本单元中才使用顺序语句。

下面介绍几种常用的顺序语句和并行语句。

1) 顺序语句

(1) 赋值语句

赋值语句是将一个值或者一个表达式的结果传递给某一个数据对象。数据在实体内部的传递以及对端口外的传递都必须通过赋值语句来实现。主要有变量赋值语句和信号赋值语句两种。

① 变量赋值语句。变量的说明和赋值限定在顺序区域内,它只能在进程和子程序中使用,无法传递到所定义的区域外,因此具有局部性。变量赋值前需先定义变量,对变量的赋值是立即发生的。

变量赋值语句的格式为:

目的变量:=表达式;

【例 B.2】 给变量 a 赋值。

```
PROCESS                              //进程
VARIABLE a:BIT;                      //在进程中定义变量 a
BEGIN
a:='0';                              //给变量 a 赋逻辑 0 值
END PROCESS;
```

② 信号赋值语句。信号赋值语句具有全局特征,不但可以使数据在设计实体内传递,还可以通过信号的赋值操作与其他实体进行数据交流。信号的赋值并不是立即发生,而是发生在一个进程结束时。

信号赋值语句的格式为:

目的信号量<=信号表达式;

【例 B.3】 设计一个二输入与门电路,输入信号为 a、b,输出信号为 y。

```
ENTITY and2 IS
    PORT(a,b:IN BIT;
         y:OUT BIT);
```

```
END and2;
ARCHITECTURE arc OF and2 IS
BEGIN
  PROCESS
  BEGIN
    Y<=a AND b;                    //信号 a、b 与运算后,赋值给信号 y
  END PROCESS;
END arc;
```

变量赋值与信号赋值语句在概念上是大不相同的。信号是一个能体现功能模块之间联系的对象,可以作为不同实体的连接参数;若信号在结构体中被定义,则可以作为过程中的传递参数。而变量是一个运算中的临时操作数,不能连接实体,而且只能在进程和子程序中出现。

【例 B.4】 分析下面程序中变量与信号的用法。

```
ENTITY txq IS
  PORT(a:IN BIT;
          y: OUT BIT);
END txq;
ARCHITECTURE one OF txq IS
SIGNAL temp: BIT;                  //信号 temp 的定义
BEGIN
  PROCESS
    VARIABLE b,c:BIT;              //变量 b,c 的定义
    BEGIN
      b:='0';                      //变量赋值
      c:='1';                      //变量赋值
    temp<=a OR b;                  //信号赋值
    y<=temp AND c;                 //信号赋值
  END PROCESS;
END  one;
```

(2) IF 语句

IF 语句是根据所指定的条件来决定执行哪些语句的一种重要顺序语句。一般有以下三种格式。

① 跳转控制。格式如下:

```
IF 条件 THEN
  顺序语句;
END IF;
```

【例 B.5】

```
  IF(a='1')THEN
```

out⇐b;

END IF;

当 a=′1′时,执行 out⇐b;否则不执行 out⇐b,而执行 END IF 后面的语句。

② 二选一控制。格式如下:

IF 条件 THEN

　　顺序语句;

ELSE

　　顺序语句;

END IF;

【例 B. 6】 用 IF 语句描述一个"二选一"电路,设 a 和 b 为选择电路的输入信号,s 为选择控制信号,y 为输出信号。

ENTITY selection2_1 IS

PORT(a,b,s:IN BIT;

　　　y:OUT BIT);

END selection2_1;

ARCHITECTURE data OF selection2_1 IS

BEGIN

　PROCESS(a,b,s)

　BEGIN

　　IF(s=′1′)THEN

　　　y⇐a;　　　　　　　　　　　　　　//控制信号 s 为 1,则输出 a

　　ELSE

　　　y⇐b;　　　　　　　　　　　　　　//控制信号 s 为 0,则输出 b

　　END IF;

　END PROCESS;

END data;

③ 多选择控制。格式如下:

IF 条件 THEN

　　顺序语句;

ELSIF 条件 THEN

　　顺序语句;

ELSIF 条件 THEN

　　顺序语句;

ELSE 顺序语句;

END IF;

【例 B. 7】 用 IF 语句描述一个"四选一"电路,设输入信号为 a0~a3,s 为选择信号,y 为输出信号。

LIBRARY IEEE;

```
    USE IEEE. STD_LOGIC_1164. ALL；
ENTITY selection4_1 IS
    PORT(a：IN STD_LOGIC_VECTOR(3 DOWNTO 0)；
           s：IN STD_LOGIC_VECTOR(1 DOWNTO 0)；
           y：OUT STD_LOGIC)；
END selection4_1；
ARCHITECTURE one OF selection4_1IS
BEGIN
    PROCESS(a,s)                      //进程中 a,s 任何一个信号变化将导致进
                                         程执行一次

    BEGIN
        IF (s="00")THEN
          y⇐a(0)；
        ELSIF(s="01")THEN
          y⇐a(1)；
        ELSIF(s="10")THEN
          y⇐a(2)；
        ELSE
          y⇐a(3)；
      END IF；
    END PROCESS；
END one；
```

(3) CASE 语句

CASE 语句和 IF 语句的功能有些类似,是一种多分支开关语句,可根据满足的条件直接选择多个顺序语句中的一个执行。

CASE 语句的格式为：

```
    CASE 表达式 IS
    WHEN 表达式⇒顺序语句；
    END CASE；
```

执行 CASE 语句时,先计算 CASE 与 IS 之间表达式的值。当表达式的值与某一个条件选择值相同(或在其范围内)时,程序将执行对应的顺序语句。

【例 B.8】　用 CASE 语句描述一个 3 线-8 线译码器,设 d0～d2 为译码器的输入信号,s1、s2、s3 为允许信号,当 s1=1、s2=0、s3=0 时,允许译码。y 为输出信号。

```
LIBRARY IEEE；
USE IEEE. STD_LOGIC_1164. ALL；
ENTITY ymq3_8 IS
    PORT(s1,s2,s3：IN STD_LOGIC)；
           d：IN STD_LOGIC_VECTOR(2 DOWNTO 0)；
```

```
      y:OUT STD_LOGIC_VECTOR(7 DOWNTO 0);
END ymq3_8;
ARCHITECTURE behavior OF ymq3_8 IS
BEGIN
  PROCESS(d,s1,s2,s3)
  BEGIN
    IF(s1='1'AND s2='0' AND s3='0')THEN
      CASE d IS
        WHEN"000"⇒y⇐"11111110";
        WHEN"001"⇒y⇐"11111101";
        WHEN"010"⇒y⇐"11111011";
        WHEN"011"⇒y⇐"11110111";
        WHEN"100"⇒y⇐"11101111";
        WHEN"101"⇒y⇐"11011111";
        WHEN"110"⇒y⇐"10111111";
        WHEN"111"⇒y⇐" 01111111";
        WHEN others⇒y⇐"11111111";   //其他情况输出全1
    END CASE;
    ELSE
      Y⇐"11111111";
    END IF;
  END PROCESS;
END behavior;
```

CASE 语句只能在进程中使用,其中表达式的值一定在条件选择值范围内。CASE 语句执行中必须能够选中且只能选中所列条件语句中的一条;而 IF 语句是先处理开始的条件,如果不满足再处理下一个条件。

(4) WAIT 语句

WAIT 语句可以把正在执行的进程或子程序挂起,等待一个信号或某个条件,然后再继续执行程序。WAIT 语句可以设置四种不同的条件,这几类条件可以混合使用。

WAIT 语句的格式为:

WAIT　　　　　　　　　　　　　　　　　//无限等待

WAIT ON　　　　　　　　　　　　　　　//等待敏感信号变化

WAIT UNTIL　　　　　　　　　　　　　//等待条件满足

WAIT FOR　　　　　　　　　　　　　　//时间到

在时序电路中,经常用 WAIT 语句,以等待时钟信号上升沿或下降沿的到来。

【例 B.9】　设计一个能对时钟信号进行四分频的程序。

```
LIBRARY IEEE;
USE IEEE. STD_LOGIC_1164. ALL;
```

```
USE IEEE. STD_LOGIC_SIGNED. ALL;
ENTITY fpq4 IS
    PORT(cp:IN STD_LOGIC;
            y:OUT STD_LOGIC);
END fpq4;
ARCHITECTURE fpq OF fpq4 IS
SIGNAL count:STD_LOGIC_VECTOR(1 DOWNTO 0);
BEGIN
PROCESS
BEGIN
    WAIT UNTIL cp='1';              //等待时钟信号的上升沿到来
    count<=count+1;                 //时钟上升沿到来一次,计数值累加1次
    END PROCESS;
y<=count(1);                        //时钟脉冲的四分频输出
END fpq;
```

2) 并行语句

VHDL 所描述的实际系统,其许多操作都是并行的。并行语句就是用来描述这种并发行为的。并行描述可以是结构型的,也可以是行为型的。在并行语句中最关键的语句是进程(PROCESS)语句。

(1) PROCESS 语句

PROCESS 语句是一种并行处理语句,即指不同的 PROCESS 语句是并行处理的。PROCESS 语句是描述硬件并行工作的最常用语句。在一个结构体中可以有多个 PROCESS 语句,它们可以并行运行,而在 PROCESS 语句的内部则是按顺序执行的。

PROCESS 语句的格式为:

```
[进程标号:]PROCESS(敏感信号表)
        [进程说明];              //说明用于该进程的常量、变量和子程序
        BEGIN
        [顺序语句];
        END PROCESS[进程标号];
```

PROCESS 语句的特点如下:

① 为启动进程,在 PROCESS 后边大多数包含一个敏感信号量表,有时可以省略;当进程语句用于描述一个时序电路时,时钟作为敏感信号则不能省略。

② 进程中的所有语句都是顺序执行的。

③ 本进程可以与其他进程并行运行,并且可以存取结构体或实体中所定义的信号。

④ 通过信号可进行进程之间的通信。

【例 B.10】 设计一个 D 触发器,令该 D 触发器的输入信号为 d,时钟信号为 cp,输出信号为 q。

```
LIBRARY IEEE;
```

```
USE IEEE. STD_LOGIC_1164. ALL;
ENTITY dcfq IS
  PORT(d,cp:IN STD_LOGIC;
        q:OUT STD_LOGIC);
END dcfq;
ARCHITECTURE dcfq_arc OF dcfq IS
BEGIN
  PROCESS(cp)
  BEGIN
    IF(cp' EVENT AND cp='1') THEN
      q ⇐d;
    END IF;
    END PROCESS;
END dcfq_arc;
```

（2）并行信号赋值语句

信号赋值语句在进程内部使用时，作为顺序语句形式出现；当信号赋值语句在结构体的进程之外使用时，作为并行语句形式出现。

① 简单信号赋值语句

简单信号赋值语句的格式为：

赋值目标⇐表达式；

【例 B.11】　用并行信号赋值语句描述表达式 $y=\overline{ab}+c\oplus d$。

```
ENTITY exp IS
PORT(a,b,c,d: IN BIT;
        y: OUT BIT);
END exp;
ARCHITECTURE date OF exp IS
SIGNAL e:BIT;
BEGIN
  y ⇐(a NAND b)OR e;
  e ⇐c XOR d;
END date;
```

② 条件信号赋值语句

通常可根据不同条件将不同表达式的值赋予目标信号。

条件信号赋值语句的格式为：

目标信号⇐表达式 1 WHEN 条件 1 ELSE

　　　　　表达式 2 WHEN 条件 2 ELSE

　　　　　……

　　　　　表达式 n;

　　如果当条件 1 成立时,表达式 1 的值代入目标信号,……当以上 n-1 个条件都不满足时,表达式 n 的值代入目标信号。

【例 B.12】　用条件信号赋值语句描述一个"四选一"电路。

LIBRARY IEEE;

USE IEEE. STD_LOGIC_1164. ALL;

ENTITY selection4_1 IS

　　　　PORT(a: IN STD_LOGIC_VECTOR(3 DOWNTO 0);

　　　　　　　　s: IN STC_LOGIC_VECTOR(1 DOWNTO 0);

　　　　　　　　y: OUT STD_LOGIC);

END selection4_1;

ARCHITECTURE date OF selection4_1 IS

BEGIN

　y ⇐a(0) WHEN s="00" ELSE　　　　　//从第 1 个条件开始顺序判断

　　　a(1) WHEN s="01" ELSE

　　　a(2) WHEN s="10" ELSE

　　　a(3);

END date;

③ 选择信号赋值语句

选择信号赋值语句的功能与进程中的 CASE 语句的功能相似。

选择信号赋值语句的格式为:

WITH 选择条件表达式 SELECT

目的信号⇐信号表达式 1 WHEN 选择条件 1,

　　　　信号表达式 2 WHEN 选择条件 2,

　　　　……

　　　　信号表达式 n WHEN 选择条件 n;

【例 B.13】　用选择信号赋值语句描述"四选一"电路,并比较与条件信号赋值语句的区别。

LIBRARY IEEE;

USE IEEE. STD_LOGIC_1164. ALL;

ENTITY mux4 IS

　　PORT(d: IN STD_LOGIC_VECTOR(3 DOWNTO 0);

　　　　　s0,s1: IN STD_LOGIC;

　　　　　y: OUT STD_LOGIC);

END mux4;

ARCHITECTURE rt1 OF mux4 IS

SIGNAL comb:STD_LOGIC_VECTOR(1 DOWNTO 0);　　　//定义信号 comb

BEGIN

　comb⇐s1&s0;　　　　　　　　　　　　　　//位合并,comb=s1s0

```
WITH comb SELECT
  y ⇐d(0) WHEN ″00″,
     d(1) WHEN ″01″,
     d(2) WHEN ″10″,
     d(3) WHEN ″11″,
     ′Z′WHEN OTHERS;                    //必须涵盖选择条件表达式的所有值
END rtl;
```

需要注意的是,以上程序的选择信号赋值语句中,comb 的值被明确规定,而用保留字 OTHERS 来表示 comb 的所有其他可能值。这是因为选择信号 s0,s1 的类型是 STD_LOGIC,是一个有九种逻辑值的数据,所以信号 comb 的取值共有 81 种可能。因此,为了使选择条件能涵盖选择条件表达式的所有值,这里用 OTHERS 来代替 comb 的所有其他可能值。

B.8　结构体的描述方式

结构体定义设计实体的功能,可以采用行为(behavior)、数据流(dataflow)、结构(structure)3 种描述方式。一个实体可以对应多个结构体实现。选择怎样的结构体来实现,应根据抽象的层次以及元件功能细节的需求来决定。

1) 结构体句法
ARCHITECTURE 结构体名 OF 实体名 IS
[结构体说明部分];
END[结构体名];
其中,说明部分用来说明在结构体中要用到的信息,它可以是常量、信号或新的数据类型。

2) 结构体形式
下面介绍三种形式的结构体。
(1) 行为型结构体(behavior style)
行为型结构体描述表示一个电路输入与输出间的相互关系,它无须包含任何结构信息。
例如,二路数据选择器的行为型结构体描述方法如下:

```
ARCHITECTURE behavior OF selection IS
BEGIN
PROCESS(a,b,sel)—括号中信号为该进程的敏感表,它的变化会触发进程的执行。
BEGIN
IF(sel=′0′)THEN c⇐a;
ELSE c⇐b;
END IF;
END PROCESS;
END behavior;
```

在程序中,用一个进程来描述电路的行为,通过一系列时序操作来描述结构体的行为。
(2) 数据流型结构体(dataflow style)

　　数据流型结构体从实质上看可以认为是从行为型派生出来的,但数据流型结构体又隐含着一定的结构关系描述。

　　例如,同样是上例,如果用数据流型结构体来描述,应为:

ARCHITECTURE dataflow OF selection IS

SIGNAL s1,s2：BIT；

BEGIN

s1⇐(a AND (not sel))；

s2⇐(b AND sel)；

c⇐s1 or s2；

END dataflow；

　　(3) 结构型结构体(structural style)

大多数顶层 VHDL 设计都采用结构型结构体来生成并连接以前编辑过的设计。这种形式与硬件设计对应密切。它表示构成系统的元件以及它们之间的互联关系。

　　3) 结构描述的建模步骤

　　(1) 元件说明——描述元件的局部接口,其中元件相当于硬件设计中元件库中的元件。

　　(2) 元件例化——相当于在硬件设计中从库中调出元件并把它放在设计图中。

　　(3) 元件配置——指定该元件在调用时所用的结构体。

　　例如,同样是上例,如果书写结构型结构体,需按以下步骤完成:

　　(1) 定义一个反相器 invert(i,o)、一个二输入与门 and2(i1,i2,o)、一个二输入或门 or2(i1,i2,o)。

ENTITY invert IS

PORT(i：IN BIT；

　　　　o：OUT BIT)；

END invert；

ARCHITECTURE data OF invert IS

BEGIN

o⇐not i；

END data；

ENTITY and2 IS

　PORT(i1,i2：IN BIT；

　　　　　o：OUT BIT)；

END and2；

ARCHITECTURE data OF and2 IS

BEGIN

o⇐i1 AND i2；

END data；

ENTITY or2 IS

PORT(i1,i2：IN BIT；

```
        o: OUT BIT);
END or2
ARCHITECTURE data OF or2 IS
begin
o⇐i1 or i2;
END data;
```

（2）在二路数据选择器的设计中调用（例化）它。

```
ARCHITECTURE structure OF selection IS
SIGNAL inv,temp1,temp2:BIT;
COMPONENT invert IS
  PORT(i: IN BIT;
        o: OUT BIT);
END component;
COMPONENT and2 IS
port(i1,i2: IN BIT;
     o:OUT BIT);
END component;
COMPONENT or2 IS
PORT(i1,i2: IN BIT;
        o: OUT BIT);
END component;
BEGIN
u0:invert PORT MAP(sel,inv);
u1:and2 PORT MAP(a,inv,temp1);
u2:and2 PORT MAP(b,sel,temp2);
u3:or2 PORT MAP(temp1,temp2,c);
END structure;
```

关于结构型设计中元件的配置问题，请看相关资料。

参 考 文 献

［1］ 邓元庆,等. 数字电路与系统设计. 西安:西安电子科技大学出版社,2003

［2］ 王毓银. 数字电路逻辑设计. 北京:高等教育出版社,2005

［3］ 秦曾煌. 电工学. 北京:高等教育出版社,2004

［4］ 沈嗣昌. 数字设计引论. 北京:高等教育出版社,2000

参 考 文 献